首届全国机械行业职业教育精品教材

电梯结构与原理

第 2 版

主　编　李乃夫

副主编　陈东红

参　编　范秉欣　陈　新　陈　靖　莫　兰　刘荟敏

　　　　王亦凡　冯晓军　张旭征　潘燕玲

主　审　曾伟胜

机械工业出版社

本书以"工作页"的形式推出 8 个项目：认识电梯、电梯的曳引系统、电梯的轿厢系统、电梯的门系统、电梯的导向和重量平衡系统、电梯的电气系统、电梯的安全保护系统、电梯的安全使用和管理。本书按照任务驱动、项目式教学方式组织教学，以工作页的形式呈现学习内容，具有鲜明的职教特色。

在本书的编写过程中，编者按照当前职业教育教学改革和教材建设的总体目标，努力体现教学内容的先进性和前瞻性，突出专业领域的新知识、新技术、新工艺、新设备或元器件。本书以亚龙 YL-777 型电梯安装、维修与保养实训考核装置（及其配套系列产品）为载体编写。

本书可作为中等职业学校电梯安装与维修专业课程教材，也可作为电梯职业技能培训用书及从事电梯技术工作人员的学习参考书。

图书在版编目（CIP）数据

电梯结构与原理/李乃夫主编. —2 版. —北京：机械工业出版社，2019.7（2024.6 重印）
ISBN 978-7-111-62729-6

Ⅰ.①电…　Ⅱ.①李…　Ⅲ.①电梯-中等专业学校-教材　Ⅳ.①TU857

中国版本图书馆 CIP 数据核字（2019）第 138370 号

机械工业出版社（北京市百万庄大街 22 号　邮政编码 100037）
策划编辑：赵红梅　责任编辑：赵红梅　苑文环
责任校对：郑　婕　封面设计：张　静
责任印制：刘　媛
河北鑫兆源印刷有限公司印刷
2024 年 6 月第 2 版第 15 次印刷
184mm×260mm・13.25 印张・321 千字
标准书号：ISBN 978-7-111-62729-6
定价：37.00 元

电话服务　　　　　　　　　网络服务
客服电话：010-88361066　　机 工 官 网：www.cmpbook.com
　　　　　010-88379833　　机 工 官 博：weibo.com/cmp1952
　　　　　010-68326294　　金 书 网：www.golden-book.com
封底无防伪标均为盗版　机工教育服务网：www.cmpedu.com

第2版前言

自《电梯结构与原理》一书出版以来，被全国各地职业院校电梯专业师生广泛使用。近几年来，我国的经济发展对职业教育及职业教育人才培养提出了新的要求，电梯专业的产品与技术发展及专业教学要求也在不断发生变化。为适应当前职业教育教学改革的要求，编者对本书进行了修订。

本书修订的基本指导思想是：

（1）符合当前职业教育教学改革和教材建设的总体目标，力求教材的基本内容体系与岗位的关键职业能力培养要求相对应。

（2）随着本专业其他系列教材的陆续出版，明确本书在该系列教材中的定位，增加了原理性和基础性的内容。

（3）按照现行国家标准或相关规则（如 TSG T5002—2017《电梯维护保养规则》等）更换了一些内容，同时在"阅读材料"中适当增加了一些对应用实例、新知识、新技术、新工艺、新设备或元器件的介绍。

本书以亚龙 YL-777 型电梯安装、维修与保养实训考核装置（及其配套系列产品）为载体编写。该设备解决了长期以来电梯教学设备实用性与教学操作性难以统一的矛盾，实现了真实的使用功能与整合的教学功能、完善的安全保障性能三者的统一，有利于在专业教学中实施任务驱动、项目教学和行动导向等具有职业教育特点的教学方法，有利于组织一体化教学，真正实现"做中学、做中教"，达到更理想的教学效果，从而实现教学环境与工作环境、教学内容与工作实际、教学过程与岗位操作过程、教学评价标准与职业标准的"四个对接"。

本书推荐学时为 90 或 108 学时（均为一学期完成），具体学时分配建议见下表。

项　　目	标题与内容	建议学时	
		方案一	方案二
项目 1	认识电梯	8	10
项目 2	电梯的曳引系统	10	12
项目 3	电梯的轿厢系统	8	10
项目 4	电梯的门系统	8	10
项目 5	电梯的导向和重量平衡系统	12	16
项目 6	电梯的电气系统	24	26
项目 7	电梯的安全保护系统	12	14
项目 8	电梯的安全使用和管理	4	6
	机　动	4	4
	总学时	90	108

　　本书由李乃夫担任主编，陈东红担任副主编。项目1、项目8由李乃夫、范秉欣、陈新编写，项目2由陈靖编写，项目3由莫兰、刘荟敏编写，项目4由陈靖、王亦凡编写，项目5由陈靖、冯晓军编写，项目6由张旭征、潘燕玲、李乃夫编写，项目7由张旭征编写，附录由陈东红编写。全书由李乃夫、陈东红统稿，由曾伟胜主审。亚龙智能装备集团股份有限公司提供了相关资料，杨鹏远、李国令工程师参与拟定本书的（修订）编写方案并审阅了书稿，提出了许多宝贵的修改意见，中新软件（上海）有限公司为本书提供了配套视频资源，在此一并表示衷心的感谢！

　　欢迎教材的使用者及同行对本书提出意见或给予指正！

　　说明：为了识读电气控制图方便，书中采用了教学装置配套的电气控制图，电气元件符号未采用国家标准符号。

编　者

第1版前言

本书是中等职业教育课程改革国家规划新教材配套用书，是以《教育部关于"十二五"职业教育教材建设的若干意见》及教育部新颁布的《中等职业学校电气运行与控制专业教学标准》为依据编写而成。

本书在编写理念上，注重符合当前职业教育教学改革和教材建设的总体目标，符合职业教育教学规律和技能型人才成长规律，体现职业教育教材特色，改变了传统教材仅注重课程内容组织而忽略对学生综合素质与能力培养的弊病，在传授知识与技能的同时注意融入对学生职业道德和职业意识的培养。让学生在完成学习任务的过程中，学习工作过程知识，掌握各种工作要素及其相互之间的关系（包括工作对象、设备与工具、工作方法、工作组织形式与质量要求等），从而达到培养关键职业能力和促进综合素质提高的目的，使学生学会工作、学会做事。

本书主要从课程内容体系及其相应教学方法上作了以下尝试与改革：

（1）采用任务驱动、项目式教学的方式，将本课程的主要教学内容分解为十个学习任务，分别为：认识电梯，认识电梯的曳引系统，认识电梯的轿厢，认识电梯的门系统，认识电梯的导向系统，认识电梯的重量平衡系统，认识电梯的电力拖动系统，认识电梯的电气控制系统，认识电梯的安全保护系统，电梯的管理与维护保养。

（2）书中所设计的学习过程和学习方式如下图所示：

所设计的学习过程和学习方式为：接受学习任务→任务分析（主要学习目标，包括"应知"与"应会"的知识与技能目标）→将本任务分解为若干个子任务，进入第一个子任务→进行学习准备（学习相关知识，以获取完成本任务所必需的资料与信息）→开始按照若干个"工作步骤"实施工作（根据需要在中间穿插介绍相关知识）→进入本任务的第二个子任务→……→本任务全部完成后的评价反馈（先进行自我评价，然后同组同学之间进行互评，最后由指导教师进行评价）→完成本任务后进行小结→将相关学习资料附后（包括知识拓展、阅读材料和综合习题）→完成本任务，准备接受下一个学习任务。

在每个工作页中将出现的有关栏目的涵义和作用是：

◆ 学习目标："新大纲"中分解到本任务中的应知与应会学习内容。

◆ 基础知识：介绍完成子任务所必备的基础知识。

◆ 工作步骤：将本任务（子任务）分解成若干个工作实施步骤，根据需要在中间穿插介绍相关知识，可组织实施理论与实践的一体化教学。

◆ 相关链接：介绍在进行该工作步骤中所直接涉及的一些资料，如工程应用方面的知识，仪器仪表和工具的使用注意事项等，并介绍理论知识在实际生产和生活中的应用。

◆ 多媒体资源：对适合采用多媒体学习方式的相关内容予以提示。

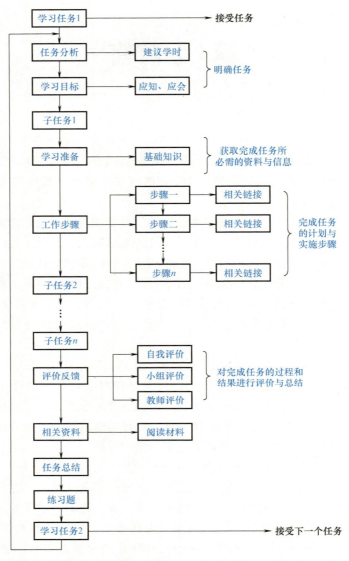

◆ 评价反馈：任务完成后的评价与反馈，包括学生的自我评价、同组互评，以及教师评价。

◆ 阅读材料："新大纲"中一些选学的内容，以及"四新"内容，或与本专业相关的应用知识，供课余阅读，给教学者和学习者以一定的选择空间；也使学生通过学习本课程，对专业知识的应用有一定了解，以培养对后续专业课程的学习兴趣。

（3）本书以亚龙 YL-777 型电梯安装、维修与保养实训考核装置（及其配套产品）作为教学用机。该设备解决了长期以来电梯教学设备实用性与教学操作性难以统一的矛盾，实现了真实的使用功能、整合的教学功能和完善的安全保障性能三者的统一，有利于在专业教学中实施任务驱动、项目教学和行动导向等具有职业教育特点的教学方法，有利于组织一体化教学，真正实现"做中学、做中教"，达到更理想的教学效果，从而实现教学环境与工作环境、教学内容与工作实际、教学过程与岗位操作过程、教学评价标准与职业标准的"四个对接"。

（4）本书推荐的两个教学方案分别为 6×15＝90 学时和 6×18＝108 学时（均为一学期完成），见下表。

学习任务	标题与内容	建议教学方案	
		方案一	方案二
学习任务 1	认识电梯	6	8
学习任务 2	认识电梯的曳引系统	8	10
学习任务 3	认识电梯的轿厢	6	8
学习任务 4	认识电梯的门系统	8	10
学习任务 5	认识电梯的导向系统	6	8
学习任务 6	认识电梯的重量平衡系统	6	8
学习任务 7	认识电梯的电力拖动系统	10	10
学习任务 8	认识电梯的电气控制系统	20	20
学习任务 9	认识电梯的安全保护系统	10	12
学习任务 10	电梯的管理与维护保养	6	10
机　动		4	4
总学时		90	108

本书由李乃夫任主编，李波任副主编。李乃夫、刘娴芳、周文煜、张军枚负责编写学习任务 1、2，陈靖、莫兰负责编写学习任务 3、5、6，詹永瑞、黄荣玖负责编写学习任务 4、10，周伟贤、冯良锋负责编写学习任务 7、8，彭泽明、张旭征负责编写学习任务 9；全书由李乃夫统稿。本书由广东省电梯技术学会曾伟胜主审。

欢迎教材的使用者及同行对本书提出意见或给予指正！

编　者

目　录

项目 1 认识电梯

项目分析

本项目的主要内容是认识电梯，了解电梯的基本结构和分类，为学习后续项目打下基础。

建议学时

建议完成本项目用时 8~10 学时。

学习目标

应知

（1）了解电梯的定义和分类。

（2）理解电梯的运行原理及性能。

（3）认识电梯的基本结构。

应会

认识电梯的各个系统和主要部件的安装位置及其作用。

学习任务 1.1 电梯概述

基础知识

一、电梯的起源与定义

1. 电梯的起源与发展

电梯的起源可以追溯到古代的人力卷扬机。1858 年，美国出现了以蒸汽机为动力的客梯，随后在英国又出现了水压梯。直到 1889 年美国的奥的斯电梯公司首先使用了电动机作为电梯的动力，才出现了真正意义的"电"梯。

在现代社会的城市化进程中，电梯已经成为不可缺少的垂直运输设备。据统计，在现代城市中，建筑不断地向高空发展，有的城市有三分之二以上的人口基本生活在空中，他们每天依靠各种电梯往返于距离地面 10m 以上的空间工作、生活和娱乐。由于电梯的存在，使得城市高空化、高楼城市化成为现实。

图 1-1 所示为被称为"小蛮腰"的广州塔，该塔是一座以观光旅游为主，具有文化娱乐和城市窗口功能的大型城市基础设施。广州塔塔身主体高为 450m（塔顶观光平台最高处距地为 454m），天线桅杆高为 150m，总高度为 600m。该塔安装了 6 部高速电梯，其中包括两

部消防电梯、两部观光电梯，若中途不停站，这些高速电梯可在 1′30″直达 433.2m 高的顶层。为了缓解高速提升对人耳膜的巨大压力，电梯安装了气压调节装置，这也是国内电梯首次安装这种装置。

2. 电梯的定义

GB/T 7024—2008《电梯、自动扶梯、自动人行道术语》中对电梯的定义：服务于建筑物内若干特定的楼层，其轿厢运行在至少两列垂直于水平面或与铅垂线倾斜角小于 15° 的刚性导轨运动的永久运输设备。

图 1-1 广州塔

电梯分类介绍

二、电梯的分类

按照定义，电梯应是一种按垂直方向运行的运输设备，而在许多公共场所使用的自动扶梯和自动人行道则是在水平方向上（或有一定倾斜度）运行的运输设备。但目前多数国家都习惯将自动扶梯和自动人行道归类于电梯中。不同的国家对于电梯的分类方法各不相同，根据中国目前的行业习惯，大致可将电梯做如下分类。

1. 按用途分类

（1）乘客电梯

为运送乘客而设计的电梯。对安全、乘坐的舒适感和轿厢内环境等方面都要求较高，主要用于宾馆、酒店、商业办公楼和住宅楼等，如图 1-2a 所示。

观光电梯应属于乘客电梯的一种，其井道和轿厢壁至少有同一侧透明，乘客可观看轿厢外景物的电梯。观光电梯通常装于高层建筑的外墙、内厅或旅游景点（见图 1-2b）。如前面介绍的广州塔上运行高度达 433.2m 的电梯就属于观光电梯。

（2）载货电梯

载货电梯是一种主要运送货物的电梯，同时允许有人员伴随。要求其轿厢的面积大、载重量大。通常用于工厂车间、仓库等。

（3）客、货两用电梯

客、货两用电梯以运送乘客为主，可同时兼顾运送非集中载荷货物的电梯。它具有客梯与货梯的特点，如一些住宅楼、商业办公楼的电梯。

a)   b)

图 1-2 载客电梯

a）乘客电梯 b）观光电梯

（4）杂物电梯

杂物电梯是一种服务于规定层站的固定式提升装置。它具有一个轿厢，由于结构型式和尺寸的关系，轿厢内不允许人员进入。如饭店用于运送饭菜、图书馆用于运书的小型电梯，其轿厢面积与载重量都较小，只能运货而不能载人。

（5）自动扶梯和自动人行道

自动扶梯是带有循环运行梯级，主要用于向上或向下与地面成 27.3°～35°倾斜角的输送乘客的固定电力驱动设备，如图 1-3a 所示。而自动人行道是带有循环运行（板式或带式）走道，主要用于水平或倾斜角不大于 12°输送乘客的固定电力驱动设备，如图 1-3b 所示。自动扶梯和自动人行道常用于商场、机场、车站等公共场所。

a)   b)

图 1-3 自动扶梯和自动人行道
a）自动扶梯 b）自动人行道

随着大量的公共设施（如机场、车站、城市商场等）建成投入使用，自动扶梯和自动人行道的使用越来越普遍（据统计，约占电梯总量的 15%）。本书仅介绍垂直电梯，自动扶梯和自动人行道的内容可参见本书的同系列教材《自动扶梯运行与维保》。

（6）病床（医用）电梯

病床（医用）电梯是一种运送病床（病人）及相关医疗设备的电梯。其轿厢一般窄而长，双面开门，要求运行平稳。

此外，还有各种用途的专用电梯，如船用电梯、防爆电梯等。

2. 按速度分类

（1）低速电梯

额定速度为 1m/s 以下的电梯称为低速电梯，常用于 10 层以下的建筑物。

（2）快速电梯

额定速度为 1～2m/s 的电梯称为快速电梯，常用于 10 层以上的建筑物。

（3）高速电梯

额定速度为 2～5m/s 的电梯称为高速电梯，常用于 16 层以上的建筑物。

（4）超高速电梯

额定速度超过 5m/s 的电梯称为超高速电梯，常用于超过 100m 的建筑物。

需要说明的是：随着电梯速度的不断提升，按速度对电梯的分类标准也会相应改变。

3. 按驱动方式分类

按照驱动方式的不同，电梯可以分为曳引驱动、鼓轮（卷筒）驱动及液压驱动等几大类。其中，曳引驱动方式具有安全可靠、提升高度基本不受限制等优点，已成为电梯驱动方式的主流。

在曳引式提升机构中，钢丝绳悬挂在曳引轮绳槽中，一端与轿厢连接，另一端与对重连接，如图 1-4b 所示。利用钢丝绳与曳引轮绳槽之间的摩擦力带动电梯钢丝绳驱动轿厢升降。本书中介绍的电梯均为曳引驱动式电梯。

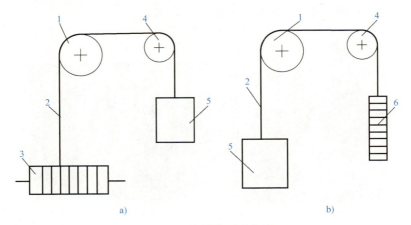

图 1-4 电梯的驱动方式

a）鼓轮驱动式电梯 b）曳引驱动式电梯

1—牵、曳引轮 2—牵、曳引钢丝绳 3—鼓轮 4—导向轮 5—轿厢 6—对重

4. 其他分类方式

如按控制方式不同，可分为有专职司机操作电梯与无专职司机操作电梯；手柄操作电梯和按钮操作电梯（又分为轿厢内按钮操作和轿厢外按钮操作）；信号控制、集选控制和群控电梯等。

又如按照拖动电机不同，可分为交、直流电梯（分别用交流和直流电动机拖动）和用直线电动机拖动的电梯等。

三、电梯的型号和主要技术参数

1. 电梯的型号

电梯型号的编制按如下规定进行。

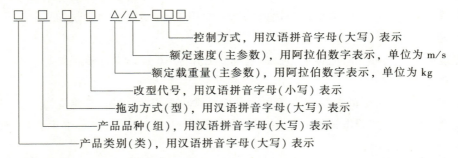

例如，TKJ1500/2.0—QKW 型电梯型号的含义：交流客梯，额定载重量为 1500kg，额定速度为 2.0m/s，群控方式，采用微机控制。

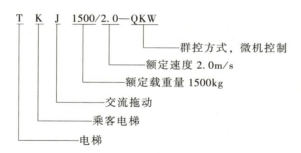

可见，电梯的型号主要由三大部分组成：第一部分为类、组、型和改型代号；第二部分为主参数代号，包括额定载重量和额定速度；第三部分为控制方式代号。具体可查阅相关资料。

2. 电梯的主要技术参数

（1）额定速度

电梯设计所规定的轿厢运行速度。

（2）额定载重量

电梯设计所规定的轿厢载重量。

（3）额定乘客人数

电梯设计所限定的最多允许乘客数量（包括司机在内）。

（4）提升高度

从底层端站地坎上表面至顶层端站地坎上表面之间的垂直距离。

 **相关链接**

电梯的运行性能分析

（一）电梯的运行性能

电梯的性能主要包括安全性、可靠性、高效性和舒适性。

1）安全性是指电梯产品安全稳定运行的能力，电梯的其他性能均以安全性为前提。

2）可靠性是指电梯产品在规定时间内保持规定功能的概率。

3）高效性是指电梯产品在 5min 高峰期内的运输能力。

4）舒适性是指人们乘坐电梯时的内心感觉。研究表明，人们对电梯开关门间隔时间最短要求为 30s，到达目的地最长心理承受时间为 90s，因此，可通过加速度、减速度的运用和气压装置的调整满足人们乘坐电梯时的舒适性要求。

（二）电梯的运行速度曲线

电梯作为一种现代的运输工具，快速性是一个很重要的指标，特别是处在快节奏的现代城市生活中，节省时间对于乘客尤其重要。但电梯的快速性又与乘坐的舒适性形成了矛盾。如何在快速性与舒适性之间取得一个平衡点，就需要对电梯的运行速度曲线进行分析。

1. 实现电梯快速性的方法

电梯的快速性主要通过如下方法得到。

1）提高电梯的运行速度。电梯额定速度的提高，将有效地缩短其运行时间，现代电梯的额定运行速度在不断提高，最高已达到 21m/s。但是在提高电梯额定速度的同时，对电梯运行的安全性、可靠性也提出了更高的要求，因此电梯速度提高，其造价也随之提高。

2）集中布置多台电梯，通过增加电梯数量来增加客流量，可以减少乘客候梯时间。

3）尽可能减少电梯起、停过程中的加、减速时间。

电梯是一个频繁起动、制动的设备，其加、减速所用时间往往占运行时间的很大比例（如电梯单层运行时，几乎全处在加、减速运行中）。如果加、减速阶段所用时间缩短，便可以为乘客节省时间，达到快速性的要求，因此电梯在起动、制动阶段不能太慢。在上述三种方法中，前两种需要增加设备投资（而且电梯的数量也不能无限制地增加），第三种方法通常不需要增加设备投资，因此在电梯设计时，应尽量减少起动、制动时间。GB/T 10058—2009《电梯技术条件》规定：当乘客电梯额定速度为 $1.0\text{m/s}<v\leqslant 2.0\text{m/s}$ 时，按 GB/T 24474—2009 测量，加、减速度不应小于 0.50m/s^2；当乘客电梯额定速度为 $2.0\text{m/s}<v\leqslant 6.0\text{m/s}$ 时，加、减速度不应小于 0.70m/s^2。

但是，起动、制动时间的缩短意味着加、减速度的增大，而加、减速度的过分增大和不合理的变化将造成乘客的不适感。因此形成了电梯运行快速性与舒适性的矛盾。

2. 对电梯的舒适性的要求

（1）由加速度引起的不适

人在加速上升或减速下降时，加速度引起的惯性力叠加到重力之上，使人产生超重感，器官承受更大的重力；而在加速下降或减速上升时，加速度产生的惯性力抵消了部分重力，使人产生上浮感，感到不适，引起头晕目眩。根据人体生理上对加、减速度的承受能力，GB/T 10058—2009《电梯技术条件》规定：乘客电梯起动加速度和制动减速度最大值均不应大于 1.5m/s^2。

（2）由加速度变化率引起的不适

实验证明，人体不但对加速度敏感，而且对加加速度（即加速度变化率）也很敏感，当加加速度较大时，人会感到眩晕、难受，其影响比加速度的影响还严重。

3. 电梯的理想速度曲线

当轿厢静止或匀速升降时，轿厢的加速度、加加速度都是零，乘客不会感到不适；而在轿厢由静止起动到以额定速度匀速运动的加速过程中，或由匀速运动状态制动到静止状态的减速过程中，就要兼顾快速性与舒适性两方面的要求，即在加、减速过程中既不能过猛，也不能过慢：过猛时，快速性好了，舒适性变差；过慢时，则反之。因此，有必要设计电梯运行的速度曲线，能兼顾快速性与舒适性两方面的要求，科学、合理地解决两者之间的矛盾。图1-5所示为电梯理想的速度、加速度和加加速度曲线，理想速度曲线1分为三段：曲线 AEFB 段是由静止起动到匀速运行的加速段，BC 段是匀速运行段（额定速度），CF'E'D 段是由匀速运行制动到静止的减速段，通常是一条与加速段对称的曲线。

图1-6中给出了在图1-5所示理想速度曲线基础上实际应用的两种速度曲线，其中图1-6a是交流双速电梯的速度曲线，通常采用开环控制，为了提高平层准确度，在停梯前有一段低速运行阶段。

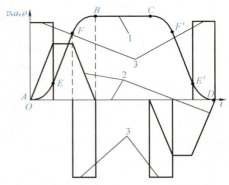

图1-5 电梯的理想速度、加速度、加加速度曲线（曲线2、3可自行分析）
1—理想速度曲线 2—加速度曲线
3—加加速度曲线

这种速度曲线停车所用时间较长，舒适感较差。图 1-6b 是梯速较高的调速电梯的速度曲线，由于额定速度较高，在单层运行时，梯速尚未加速到额定速度便要减速停车了，这时的速度曲线没有恒速运行段。在高速电梯中，当运行距离较短（如单层、二层、三层等）时，都有尚未达到额定速度便要减速停车的问题，因此这种电梯的速度曲线中有单层运行、双层运行、三层运行等多种速度曲线。

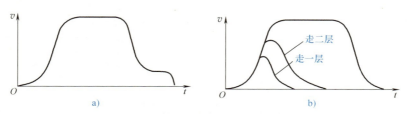

图 1-6　实际应用的两种电梯速度曲线
a）停车前有爬行段的速度曲线　b）高速梯的速度曲线

电梯理想运行速度曲线的特点应是：

1）为了获得好的舒适感，电梯速度曲线在转弯处必须是圆滑过渡的。

2）为了提高快速性、缩短运行时间，电梯在起动、制动阶段不能太慢，加、减速度不能太小。

 工作步骤

步骤一：实训准备

1）指导教师先到准备组织学生参观的电梯所在场所"踩点"，了解周边环境、交通路线等，事先做好预案（参观路线、学生分组等）。

2）对学生进行参观前的安全教育。

相关链接

参观注意事项

1）参观时，一定要注意安全。参观前，必须对学生进行安全教育，强调不能乱动、乱碰任何控制电器。在组织参观前要做好联系工作，事先了解现场环境，安排好参观位置，不要影响现场秩序，防止发生事故。

2）若参观现场比较狭窄，可分组分批轮流或交叉参观，每组人数根据实际情况确定，以保证安全、不影响现场秩序为前提，以确保教学效果为原则。

3）若条件许可，可有目的地组织参观各种电梯，如客梯、货梯、观光梯、自动扶梯及专用电梯等。

步骤二：参观电梯

组织学生到有关场所（如学校的教学楼、实训楼或办公大楼，公共场所如商场、商业办公楼等）参观电梯，将观察结果记录于表 1-1 中（也可自行设计记录表格）。

步骤三：参观总结

学生分组，每个人口述所参观的电梯的类型、用途及基本功能等。

表1-1 参观电梯记录

电梯类型	客梯、货梯、客货两用梯、观光电梯、特殊用途电梯、自动扶梯、自动人行道
安装位置	宾馆酒店、商场、住宅楼、商业办公楼、机场、车站、其他场所
主要用途	载客、载货、观光、其他用途
层/站	n 层/n 站
载重量(或载客人数)	
电梯型号	
运行速度/(m/s)	
观察电梯的运行方式和操作过程的其他记录	

 阅读材料

阅读材料1.1 电梯技术的发展

据说古希腊就在宫殿里装有人力驱动的卷扬机，可以认为是现代电梯的鼻祖。但直到1889年美国的奥的斯电梯公司首先使用了电动机作为电梯的动力，这才有了名副其实的"电"梯。追溯电梯一百多年来的发展史，可以从以下三个方面进行回顾。

首先，是驱动方式的变化。最早的电梯是鼓轮式的（可见图1-4a），这是一种像卷扬机式的驱动方式，但电梯的提升高度受钢丝绳长度的限制，所以当时电梯的最大提升高度一般不超过50m。1903年，美国制造了曳引驱动式电梯（可见图1-4b），它是靠钢丝绳与曳引轮之间的摩擦力使轿厢与对重做一升一降的相反运动，使电梯的提升高度和载重量都得到了提高。由于曳引驱动方式具有安全可靠、提升高度基本不受限制、电梯速度容易控制等优点，因此一直沿用至今，成为电梯最常用的驱动方式。

其次，是动力问题。既然是"电"梯，其动力当然来自电动机。最早电梯用的电动机全是直流的，主要靠电枢串联电阻实现调速。1900年出现了用交流电动机拖动的电梯，起先是单速交流电动机，之后出现了变极调速的双速和多速交流电动机。随着电力电子技术的发展，20世纪80年代出现了交流变压变频调速电梯。

在动力问题得到解决后，电梯的发展转向了解决控制与调速的问题。1915年设计出自动平层控制系统；1949年研发出可集中控制6台电梯的电梯群控系统；1955年开始通过计算机对电梯进行控制；至今，电梯已基本采用微机控制。控制技术的发展使电梯的速度不断提高，1933年，美国把当时最高速的电梯安装在纽约帝国大厦，速度只有6m/s；1962年，电梯运行速度达到8m/s，1993年，则达到了12.5m/s。

随着科学技术的发展，智能化、信息化建筑逐渐兴起与完善，许多新技术、新工艺逐渐应用到电梯上。目前电梯新技术的应用大概包括以下几方面。

1）互相平衡的双轿厢电梯、同时服务于两个楼层的双层轿厢电梯、一个井道内有两个轿厢的双子电梯、线性电动机驱动的多轿厢循环电梯等。

2）目的楼层选层系统、自动变速电梯。

　　3）数字智能化的乘客识别与安全监控技术，如手掌静脉识别和人脸识别的安防系统等。

　　4）无随行电缆电梯、与钢丝绳同强度的自监测合成纤维曳引绳、超级强度碳纤维曳引绳。

　　5）自动变速的自动扶梯和自动人行道。

　　6）双向安全保护技术、快速安装技术和节能环保技术等。

　　乘坐电梯去太空的设想最初是由苏联科学家于 1985 年提出来的，后来一些科学家相继提出各种解决方案（见图 1-7）。美国国家航空航天局于 2000 年描述了建造太空电梯的概念：用极细的碳纤维制成的缆绳能延伸到地球赤道上方 3.5 万 km 的太空，为了使这条缆绳能够摆脱地心引力的影响，在太空另一端必须与一个质量巨大的天体相连。这一天体向外太空旋转的力量与地心引力相抗衡，将使缆绳紧绷，允许电梯轿厢在缆绳中心的隧道中穿行。我们期待着有一天能够乘坐电梯登上太空。

图 1-7　太空电梯的设想

 ## 学习任务 1.2　电梯的基本结构

电梯总体结构介绍

 ### 基础知识

一、电梯的基本结构

　　电梯的基本结构如图 1-8 所示。由图可见，电梯在空间上可划分成四个部分：依附建筑物的机房与井道、运载乘客或货物的空间——轿厢、乘客或货物出入轿厢的地点——层站，即机房、井道、轿厢、层站四个空间。如果从电梯各部分的功能区分，则可分为曳引系统、轿厢系统、门系统、导向和重量平衡系统、电气系统和安全保护系统，这六个系统的主要部件与功能见表 1-2。

二、电梯的主要部件

　　下面就按表 1-2 的顺序简单介绍电梯各个系统的主要部件和作用，在后面各学习任务中再进行详细具体的介绍。

　　（一）曳引系统

　　电梯曳引系统的作用是输出与传递动力，驱动轿厢运行。曳引系统主要由曳引电动机、减速器、制动器、曳引轮、导向轮、曳引钢丝绳等组成，如图 1-9 和图 1-10 所示。

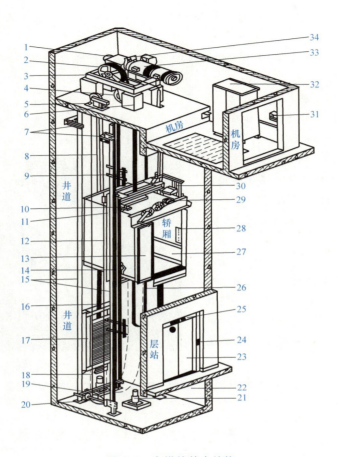

图 1-8　电梯的基本结构

1—减速箱　2—曳引轮　3—曳引机底座　4—导向轮　5—限速器　6—机座　7—导轨支架　8—曳引钢丝绳　9—隔磁板
10—紧急终端开关　11—导靴　12—轿厢架　13—轿门　14—安全钳　15—导轨　16—绳头组合　17—对重　18—补偿链
19—补偿链导轮　20—张紧装置　21—缓冲器　22—底坑　23—层门　24—呼梯盒　25—层楼指示灯　26—随行电缆
27—轿壁　28—轿厢内操纵箱　29—开门机　30—井道传感器　31—电源开关　32—控制柜　33—曳引电动机　34—制动器

表 1-2　电梯各系统的主要部件及功能

序号	系统	主要部件	功能
1	曳引系统	曳引机、曳引钢丝绳、导向轮、反绳轮等	输出与传递动力,驱动电梯运行
2	轿厢系统	轿厢架、轿厢体	运送乘客和(或)货物的部件,是电梯的承载工作部分
3	门系统	轿门、层门、开门机、联动机构、门锁等	乘客或货物的进出口,运行时层、轿门必须封闭,到站时才能打开
4	导向系统	轿厢的导轨、对重的导轨、导靴、导轨架	限制轿厢和对重,使其只能沿着导轨作上、下运动
	重量平衡系统	对重和平衡补偿装置等	平衡轿厢重量以及补偿高层电梯中曳引绳长度的影响

（续）

序号	系统	主要部件	功能
5	电气系统	配电箱、控制柜、操纵装置、位置显示装置、呼梯盒、平层装置、选层器等	对电梯供电并对运行实行操纵和控制
6	安全保护系统	限速器、安全钳、缓冲器和端站保护、超速保护、供电系统断相错相保护、行程终端保护、层门锁与轿门电气联锁保护等装置	保证电梯安全使用，防止一切危及人身安全的事故

图 1-9　电梯曳引系统

曳引机是由包括曳引电动机、制动器和曳引轮在内的靠曳引钢丝绳和曳引轮槽摩擦力驱动或停止电梯的装置，如图 1-10 所示。

电磁制动器安装在电动机轴与蜗杆轴的连接处，其作用是使电梯轿厢停靠准确，电梯停止时不会因为轿厢和对重差重而产生滑移。

电梯曳引系统的组成和作用详见本书"项目 2"。

（二）轿厢系统

电梯的轿厢是用于乘载乘客或其他载荷的箱形装置，由轿厢架与轿厢体等构成，如图 1-11 所示。

图 1-10　曳引机
1—曳引电动机　2—电磁制动器　3—曳引轮
4—减速器　5—导向轮　6—曳引钢丝绳

1. 轿厢架

轿厢架就是固定和支承轿厢的框架，由上梁、下梁及立柱等组成。

2. 轿厢体

轿厢体是电梯运载人和货物的空间部分，由轿厢底、轿厢壁、轿厢顶和轿门等组成。

3. 称量装置与超载装置

称量装置是用于检测轿厢内载荷值并发出信号的装置（见图 1-12）。超载装置是当轿厢超过额定载重量时，能发出警告信号并使轿厢不能运行的安全装置。

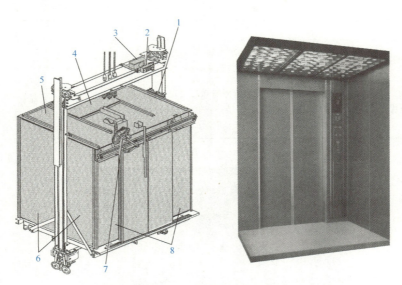

图 1-11　电梯的轿厢

1—轿厢定位装置　2—检修盒　3—紧急照明电源和警铃　4—应急出口　5—轿厢顶部或顶盖
6—侧围帮　7—开门机　8—前围帮

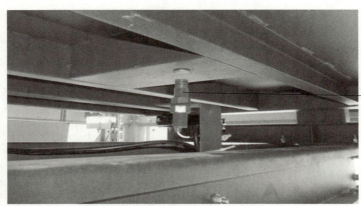

图 1-12　称量装置

(三) 门系统

电梯的门系统包括轿门、层门、自动开关门机构及门锁装置等,轿门在轿厢上,层门安装在井道与层站的出入口处,如图 1-13 所示。

1. 层门

层门也称为厅门,是设置在层站入口的门。层门由门扇、门套、层门导轨架、门导靴、自动门锁、门地坎、层门联动机构和紧急开锁装置等组成。

2. 轿门

轿门是设置在轿厢入口的门,由门扇、轿门导轨架、轿门地坎及门导靴等组成。

3. 自动开关门机构

自动开关门机构是在电梯轿厢平层时,驱动电梯的轿门和层门开启或关闭的装置,安装在轿厢顶部，如图 1-14 所示。自动开关门机构包括开门电动机、带轮（或链轮）和减速装置等。

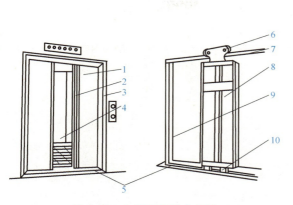

图 1-13 电梯门的基本结构
1—层门 2—轿门 3—门套 4—轿厢 5—门地坎
6—门滑轮 7—层门导轨架 8—门扇
9—层门门框 10—门滑块

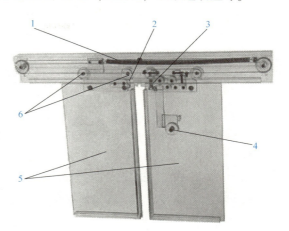

图 1-14 自动开关门机构
1—弹簧 2—锁钩 3—锁臂 4—层门锁
5—门扇 6—门滑轮

4. 门锁装置

门锁装置是在轿门与层门关闭后锁紧，同时接通控制电路，轿厢方可运行的机电联锁安全装置。

（四）导向系统和重量平衡系统

1. 导向系统

电梯导向系统分别作用于轿厢和对重，由导轨、导靴和导轨架组成。导轨限定了轿厢与对重在井道中的相互位置；导轨架作为导轨的支撑件，被固定在井道壁上；导靴安装在轿厢和对重架两侧，其靴衬（或滚轮）与导轨工作面配合，这三个部分的组合使轿厢及对重只能沿着导轨作上下运动，如图 1-15 所示。

图 1-15 电梯的导向系统

（1）导轨

导轨是供轿厢和对重（平衡重）运行的导向部件。导轨通过导轨架固定连接在井道壁上。电梯常用的导轨是T型导轨（见图1-16a），它具有刚性强、可靠性高和安全等特点。

电梯的导轨可分为实心导轨和空心导轨两大类。

1）实心导轨是机加工导轨，是由导轨型材经机械加工出导向面及连接部位而成，在电梯运行中为轿厢的运行提供导向，小规格的实心导轨也用于对重导向。

2）空心导轨是一种经冷轧折弯成空腹T型的导轨，常用于没有安装限速装置的对重侧。

（2）导靴

导靴按用途可以分为滑动导靴和滚动导靴。

1）滑动导靴。它是一种设置在轿厢架和对重（平衡重）装置上，其靴衬在导轨上滑动，使轿厢和对重（平衡重）装置沿导轨运行的导向装置（见图1-16b）。

2）滚动导靴。它是一种设置在轿厢和对重装置上，其滚轮在导轨上滚动，使轿厢和对重装置沿导轨运行的导向装置。

a)　　　　　　　　　　　　　b)

图 1-16　导轨和导靴

a）T型导轨　b）导靴

3）导轨架

导轨架是一种固定在井道壁或横梁上，用于支撑和固定导轨用的构件。

2. 重量平衡系统

重量平衡系统如图1-17所示。它主要由对重与平衡补偿装置组成，其主要作用是平衡轿厢重量以及补偿高层电梯中曳引绳及随行电缆等自重的影响，以减少系统能耗，优化驱动结构，提高输送效率。

对重架

补偿链

图 1-17　重量平衡系统

（1）对重块和对重架

对重块是一种被制成一定形状和规格，具有一定重量的铸铁件；对重架是放置对重块的钢架，如图1-18所示。

（2）曳引绳补偿装置

曳引绳补偿装置是用来补偿电梯运行时因曳引绳造成的轿厢和对重两侧重量不平衡的

部件。

（五）电气系统

电梯的电气系统主要包括在机房的配电箱和电气控制柜，以及安装在电梯各部位的控制、保护电器。

1. 配电箱

配电箱的作用是为电梯的电气系统提供不同电压的电源。配电箱一般设置在电梯机房入口，如图 1-19 所示。配电箱上有锁，可在检修时上锁，以防意外送电。

图 1-18 对重块和对重架

图 1-19 配电箱

2. 电气控制柜

电梯的电气控制柜通常安装在机房里，内装有电梯的电气控制系统，以实现电梯的自动控制和电气保护。图 1-20a 所示为电气控制柜的外观，图 1-21b 所示为电气控制柜的内部结构，图 1-21c 所示为装在控制柜右上角的电气控制板。

电梯的电气系统还包括安装在电梯各部位的安全开关和电器等，以及由此构成的各部分电路，具体介绍见"项目 6"。

（六）安全保护系统

电梯的安全保护系统主要由机械安全装置和电气安全装置两大类组成，主要有限速器、安全钳、缓冲器和端站开关等，详见"项目 7"。

1. 限速器与安全钳

限速器（见图 1-21a）通常安装在电梯机房或隔音层的地面，安全钳（见图 1-21b）则装在轿厢上。限速器是当电梯运行速度超过额定速度一定值时，其动作能切断安全回路或进一步导致安全钳或超速保护装置起作用，使电梯减速直到停止的安全装置。安全钳是一种在限速器动作时，使轿厢或对重停止运行，并能夹紧在导轨上的机械安全装置。

2. 缓冲器

缓冲器的作用是：当轿厢或对重下行越出极限位置冲底时，用来减缓冲击力。缓冲器通常安装在电梯的井道底坑内，位于轿厢和对重的正下方，常用的两种缓冲器如图 1-22 所示。

3. 端站开关

端站开关是当轿厢超越了端站后强迫其停止的保护开关。端站开关一般由设置在井道内上、下端站的强迫缓速开关、限位开关和极限开关组成，这些开关或碰轮都安装在导轨上，如图 1-23 所示，由安装在轿厢上的碰板（撞杆）触发而动作。

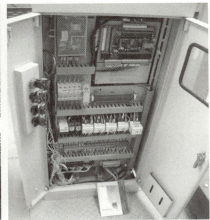

a) b)

c)

图 1-20　机房电气控制柜

a）控制柜外观　b）结构　c）控制板

a) b)

图 1-21　限速器和安全钳

a）限速器　b）安全钳

a)　　　　　　　　　　b)

图 1-22　缓冲器

a）聚氨酯缓冲器　b）液压缓冲器

图 1-23　端站开关

端站开关

工作步骤

步骤一：实训准备

1）指导教师事先了解准备组织学生参观的电梯的周边环境等，事先做好预案（参观路线、学生分组等）。

2）由指导教师对操作的安全规范作简单介绍。

步骤二：观察电梯结构

学生以 3~6 人为一组，在指导教师的带领下观察电梯（可用 YL-777 型实训电梯），全面、系统地了解电梯的基本结构，认识电梯的各个系统和主要部件的安装位置，并了解它们的作用。将观察情况记录于表 1-3 中。

表 1-3　电梯各部件的主要功能及安装位置记录

序号	部件名称	主要功能	安装位置	备注
1				
2				
3				
4				
5				
6				
7				
8				
9				
10				

注意：操作过程要注意安全，由于本任务尚未进行进出轿顶和底坑的规范操作训练，因此不宜进入轿顶与底坑；在机房观察电气设备也应在教师指导下进行。

步骤三：实训总结

学生分组，每个人口述所观察电梯的基本结构和主要部件的功能，要求能说出部件的主要作用、功能及安装位置。

 **评价反馈**

（一）自我评价（40 分）

由学生根据学习任务完成情况进行自我评价，将评分值记录于表 1-4 中。

表 1-4　自我评价

学习任务	项目内容	配分	评分标准	扣分	得分
学习任务 1.1、1.2	1. 安全意识	10	1. 不遵守安全规范操作要求,酌情扣 2~5 分 2. 有其他违反安全操作规范的行为,扣 2 分		
	2. 熟悉电梯主要部件和作用	40	1. 没有找到指定的部件,每个扣 5 分 2. 不能说明部件的作用,每个扣 5 分		
	3. 参观（观察）记录	40	表 1-1、表 1-3 记录完整,有缺漏的,每个扣 3~5 分		
	4. 职业规范和环境保护	10	1. 工作过程中工具和器材摆放凌乱,扣 3 分 2. 不爱护设备、工具,不节省材料,扣 3 分 3. 工作完成后不清理现场,在工作中产生的废弃物不按规定处置,各扣 2 分;若将废弃物遗弃在井道内,扣 3 分		

总评分 =（1~4 项总分）×40%

签名：_____　_____ 年____月____日

（二）小组评价（30 分）

由同一实训小组的同学结合自评的情况进行互评，将评分值记录于表 1-5 中。

表 1-5　小组评价

项目内容	配分	评分
1. 实训记录与自我评价情况	30 分	
2. 口述电梯的基本结构与各主要部件的作用	30 分	
3. 相互帮助与协作能力	20 分	
4. 安全、质量意识与责任心	20 分	

总评分 =（1~4 项总分）×30%

参加评价人员签名：_____　_____ 年____月____日

（三）教师评价（30 分）

由指导教师结合自评与互评的结果进行综合评价，并将评价意见与评分值记录于表 1-6 中。

表 1-6　教师评价

教师总体评价意见：	
教师评分（30 分）	
总评分＝自我评分＋小组评分＋教师评分	

教师签名：＿＿＿＿＿＿　＿＿＿＿＿年＿＿＿月＿＿＿日

 阅读材料

阅读材料 1.2　中国电梯发展史

据统计，截至 2017 年年底，中国的电梯在用量达 562 万台，年产量达 80.7 万台，而且每年新增电梯近 70 万台。电梯在中国已有 100 多年历史，而中国在用电梯数量的快速增长发生在改革开放以后，现在中国已成为全世界电梯生产、销售和使用的第一大国。100 多年来，中国电梯行业的发展大体经历了以下三个阶段。

一、依赖进口的阶段（1900—1949 年）

在这近半个世纪的时间里，全国电梯拥有量仅为 1100 多台。

1900 年，美国奥的斯电梯公司通过代理商获得在中国的第 1 份电梯合同——为上海市提供两部电梯。从此，世界电梯历史上展开了中国的一页。

1907 年，奥的斯电梯公司在上海市的汇中饭店（今和平饭店南楼）安装了两部电梯。这两部电梯被认为是中国最早使用的电梯。

1908 年，位于上海市黄浦路的礼查饭店（后改为浦江饭店）安装了 3 部电梯。1910 年，上海总会大楼（今外滩华尔道夫酒店）安装了 1 部德国西门子公司制造的三角形木制轿厢电梯。

1915 年，位于北京市王府井南口的北京饭店安装了 3 部奥的斯电梯公司交流单速电梯，其中客梯两部，7 层 7 站；杂物梯 1 部，8 层 8 站（含地下 1 层）。1921 年，北京协和医院安装了 1 部奥的斯电梯公司电梯。

1921 年，天津市一家烟草公司厂房内安装了 6 部奥的斯电梯公司手柄操纵的货梯（见图 1-24）。

1924 年，天津利顺德大饭店安装了 1 台奥的斯电梯公司手柄开关操纵的乘客电梯（见图 1-25）。其额定载重量为 630kg，交流 220V 供电，速度为 1m/s，5 层 5 站，木制轿厢，手动栅栏门。

1935 年，位于上海市的南京路、西藏路交界口的大新公司（当时上海市南京路四大公司——先施、永安、新新、大新公司之一，今上海第一百货商店）安装了两部奥的斯

a)   b)

图1-24　天津一烟草公司内的电梯

a) 奥的斯电梯　b) 电梯的对重

电梯公司的轮带式单人自动扶梯。这两部自动扶梯安装在铺面商场至2楼、2楼至3楼之间，面对南京路大门。这两部自动扶梯被认为是中国最早使用的自动扶梯。

1947年，上海市工务局营造处提出并实施电梯保养工程师制度。1948年2月，制定了加强电梯定期检验的规定，这反映了中国早期地方政府对电梯安全管理工作的重视。

截至1949年，上海各大楼共安

图1-25　天津利顺德大饭店的奥的斯电梯

装了进口电梯约1100部，其中由美国生产的电梯最多，为500多部；其次是由瑞士生产的100多部，还有英国、日本、意大利、法国、德国、丹麦等国生产的。其中，丹麦生产的1部交流双速电梯额定载重量为8t，是上海当时最大额定载重量的电梯。

二、独立自主研制、生产阶段（1950—1979年）

1952年，第1部由中国工程技术人员自己设计制造的电梯诞生了，该电梯载重量为1000kg，速度为0.70m/s，交流单速、手动控制。

从 1949 年到 1978 年的 30 年间，中国电梯制造业发展缓慢。30 年间生产电梯的总量为 1 万多台，平均每家电梯企业的年生产量只有 40 多台。

三、快速发展阶段（1980 年至今）

随着中国市场经济的持续快速增长、城市化进程的加快、物质生活的不断富足、基础设施建设投入的加大、人口老龄化等因素，中国电梯制造业呈现快速发展的态势。根据电梯协会统计的数据：全国电梯产量在 1980 年时仅为 2249 台，1986 年突破了 1 万台，1998 年突破了 3 万台，2004 年超过了 10 万台，2007 年超过了 20 万台，2010 年超过了 30 万台，2011 年超过了 40 万台，2012 年超过了 50 万台（见图 1-26），而到 2017 年已达 80.7 万台，这个数字在多年前是不可想象的。目前中国已成为电梯生产和消费大国，电梯产量占世界总产量的 2/3。

图 1-26　中国电梯的年产量

中国虽然已成为全世界电梯产量与在用量第一的国家，但是人均在用电梯的数量只有 36 台/万人，仅相当于发达国家的 1/4~1/3，因此，电梯行业仍然有十分广阔的发展空间。同时，按照电梯使用的规律，当在用电梯达到了 200 万台规模时，电梯的平均寿命按 15~20 年计算，保守估计，每年仅更新就有 10 万台电梯的需求。所以要达到目前发达国家的人均在用电梯数量的水平，预测中国电梯的需求量在未来 10 年内还将保持持续稳定增长，因此在今后相当长的时间内，中国还将是全球最大的电梯市场。而且随着电梯在用量的不断增加，电梯的维修保养服务将在电梯市场占有更大的份额，制造与维保并重已成为电梯制造企业的发展方向，因此随之而来的电梯维保人才需求也将越来越大。

 **项目小结**

本项目作为本书的入门篇，主要介绍电梯的基本概念，并认识电梯的基本结构。

1) 电梯作为垂直运输的升降设备，其门类还包括自动扶梯和自动人行道。电梯有多种分类方法，中国电梯的型号主要由三大部分组成。

2) 电梯的主要技术参数包括额定速度、额定载重量、额定乘客人数和提升高度等。

3) 电梯的基本结构可分为机房、井道、轿厢、层站四大空间和曳引系统、轿厢系统、门系统、导向和重量平衡系统、电气系统和安全保护系统六个系统。

通过完成本项目的学习，学生应对电梯的基本结构有一个整体的感性认识，并对一些主要部件的功能、作用及安装位置有初步的认识。

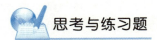 思考与练习题

1-1 填空题

1. 如果按照用途分类，电梯主要有＿＿＿＿＿＿、＿＿＿＿＿＿、＿＿＿＿＿＿、
＿＿＿＿＿＿、＿＿＿＿＿＿和＿＿＿＿＿＿等几大类。

2. 电梯的基本结构可分为＿＿＿＿＿＿、＿＿＿＿＿＿、＿＿＿＿＿＿和
＿＿＿＿＿＿四个空间。

3. 电梯从功能上可分为＿＿＿＿＿＿系统、＿＿＿＿＿＿系统、＿＿＿＿＿＿
系统、＿＿＿＿＿＿系统、＿＿＿＿＿＿系统和＿＿＿＿＿＿系统。

4. 中国电梯的型号主要由三大部分组成：第一部分为＿＿＿＿＿＿代号，第
二部分为＿＿＿＿＿＿代号，第三部分为＿＿＿＿＿＿代号。

5. 型号"TKJ 1000/1.6-JX"表示＿＿＿＿＿＿电梯，额定载重量为
＿＿＿＿＿＿kg，额定速度为＿＿＿＿＿＿m/s，＿＿＿＿＿＿控制。

6. 电梯的主要技术参数包括＿＿＿＿＿＿、＿＿＿＿＿＿、＿＿＿＿＿＿和
＿＿＿＿＿＿等。

7. 目前电梯中主要的驱动方式是＿＿＿＿＿＿。

8. 为了获得好的舒适感，电梯速度曲线在转弯处必须是＿＿＿＿＿＿。

1-2 选择题

1. 按照定义，电梯是"服务于建筑物内若干特定的楼层，其轿厢运行在至少两列垂直
于水平面或与铅垂线倾斜角小于（ ）的刚性导轨运动的永久运输设备。"
A. 5° B. 10° C. 15° D. 20°

2. 在《特种设备安全监察条例》中，电梯包括（ ）。
A. 乘客电梯和载货电梯 B. 自动扶梯
C. 自动人行道 D. 均包括

3. 目前额定速度在1~2m/s之间的电梯属于（ ）电梯。
A. 低速 B. 快速 C. 高速 D. 超高速

4. 额定速度是指电梯的（ ）运行速度。
A. 重载 B. 检修 C. 设计 D. 空载

5. 目前将额定速度在1~2m/s之间的电梯定义为（ ）电梯。
A. 低速 B. 快速 C. 高速 D. 超高速

6. 超高速电梯用于高度超过（ ）的建筑。
A. 10层 B. 16层 C. 100m D. 200m

7. 电梯的基本结构可分为机房、井道、（ ）和层站四大空间。
A. 底坑 B. 轿厢 C. 控制柜 D. 梯级

8. 以下不属于电梯占有的空间是（ ）。
A. 机房 B. 井道 C. 楼道 D. 层站

9. 自动扶梯是带有循环运行梯级，主要用于向上或向下与地面成（ ）倾斜角的输

送乘客的固定电力驱动设备。

　　A．0°~27.3°　　　B．15.3°~30.0°　　　C．27.3°~35.0°　　　D．20°~30.0°

　　10．自动扶梯的倾斜角不应大于（　　　）。

　　A．12°　　　　　B．15°　　　　　　C．30°　　　　　　　　D．35°

　　11．自动人行道是带有循环运行（板式或带式）走道，主要用于水平或倾斜角度不大于（　　　）输送乘客的固定电力驱动设备。

　　A．12°　　　　　B．15°　　　　　　C．30°　　　　　　　　D．35°

　　12．与垂直电梯相比较，自动扶梯更适合于（　　　）的场所。

　　A．人流量大且垂直距离高　　　　　　B．人流量少且垂直距离高

　　C．人流量大且垂直距离不高　　　　　D．人流量少且垂直距离不高

　　13．目前电梯中最常用的驱动方式是（　　　）。

　　A．鼓轮（卷筒）驱动　　　　　　　　B．曳引驱动

　　C．液压驱动　　　　　　　　　　　　D．齿轮齿条驱动

　　14．电梯机房供电系统应采用（　　　）系统。

　　A．单相　　　　　B．三相三线制　　　C．三相四线制　　　D．三相五线制

　　15．以下装置安装在机房的是（　　　）。

　　A．限位开关　　　B．平层装置　　　　C．限速器　　　　　D．安全钳

　　16．关于电梯的基站正确的说法是（　　　）。

　　A．基站是最高的层站

　　B．基站是最低的层站

　　C．基站是在无投入运行时轿厢停靠的层站

　　D．基站在一层楼

1-3　判断题

　　1．按照电梯的定义，电梯（轿厢）应运行在至少两列垂直于水平面或与铅垂线倾斜角小于15°的刚性导轨之间。（　　　）

　　2．电梯是指仅限于垂直运行的运输设备。（　　　）

　　3．自动扶梯是与地面成30°~35°倾斜角的代步运输设备。（　　　）

　　4．自动人行道在水平方向运行，不可以有倾斜角度。（　　　）

　　5．为了提高快速性，缩短运行时间，电梯在起动、制动阶段不能太慢，加、减速度不能太小。（　　　）

　　6．在设计电梯的运行特性时主要考虑快速性。（　　　）

　　7．楼道不属于电梯占有的空间。（　　　）

　　8．对重属于电梯的轿厢系统。（　　　）

1-4　学习记录与分析

　　1．分析表 1-1 中记录的内容，小结参观电梯的主要收获与体会。

　　2．分析表 1-3 中记录的内容，小结观察电梯的基本结构与主要部件的过程、步骤、要点和基本要求。

1-5　试叙述对本任务的认识、收获与体会。

项目2　电梯的曳引系统

项目分析

通过本项目的学习，认识电梯的曳引系统，了解其基本组成与各主要部件的作用。

建议学时

建议完成本项目用时 10~12 学时。

学习目标

应知

（1）认识电梯的曳引系统，了解其基本组成与各主要部件的作用。

（2）理解电梯的曳引机和制动器的主要类型和原理、作用。

（3）了解电梯曳引钢丝绳及绳头组合的类型、作用和主要技术指标。

应会

（1）认识电梯曳引系统的主要部件。

（2）能够识别各种曳引钢丝绳和常用的绳头组合方式，掌握锥形套筒法和自锁紧楔形绳套法的基本制作工艺。

学习任务 2.1　曳引机

基础知识

在"学习任务 1.2"中已简略介绍过：电梯曳引系统的作用是产生输出动力，曳引轿厢运行。曳引系统主要由曳引电动机、减速器、电磁制动器、曳引轮、导向轮和曳引钢丝绳等部件组成。如图 2-1 所示。其中曳引机是曳引系统的核心部分。

曳引机的作用、分类、工作原理和结构

一、曳引机的分类

曳引机按电动机与曳引轮之间有无减速器可分为无齿轮曳引机和有齿轮曳引机两种，它们的外形、结构、组成、特点及应用见表 2-1。

二、曳引机的结构

（一）有齿轮曳引机

有齿轮曳引机是电动机通过减速器驱动曳引轮的曳引机，主要由曳引电动机、减速器、

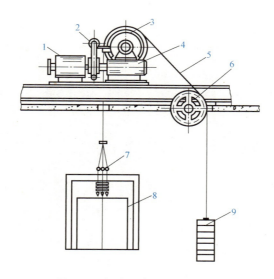

图 2-1 曳引系统的结构示意图

1—曳引电动机 2—电磁制动器 3—曳引轮 4—减速器 5—曳引钢丝绳 6—导向轮
7—绳头组合 8—轿厢 9—对重

电磁制动器、曳引轮和机座等部件组成，如图2-2所示。

表 2-1 无齿轮曳引机与有齿轮曳引机

分类	无齿轮曳引机	有齿轮曳引机
外形		
结构	曳引电动机与曳引轮之间没有减速器，直接与曳引轮相连	曳引电动机通过中间减速器，将动力传递到曳引轮上，多采用蜗轮蜗杆减速器
组成	曳引电动机、电磁制动器、曳引轮和机座等部件。曳引电动机采用交流变频调速的永磁同步电动机	曳引电动机、减速器、电磁制动器、曳引轮和机座等部件
特点	体积小、传动效率高、噪声小、传动平稳、节能、免维护、环保	传动比大、运行平稳、噪声低，有一定的自锁能力，可以增加电梯制动力矩，增加电梯停车时的安全性，但体积较大，维护工作量大
应用	一般用于额定速度不小于2m/s的高速电梯	通常用于1.75m/s以下的低速和快速电梯

图 2-2　有齿轮曳引机
1—曳引电动机　2—电磁制动器　3—减速器　4—曳引轮

1. 曳引电动机

电梯使用的曳引电动机有直流电动机、交流单速和双速笼型异步电动机、绕线转子异步电动机和永磁同步电动机。因为电梯在运行时具有频繁起动、制动，正、反向运行和重复短时工作的特点，所以各种曳引电动机均应具备以下性能。

1）能重复短时工作，频繁起动、制动及正、反转。

2）能适应电源电压（在一定范围的）波动，有足够的起动转矩，且起动电流较小。

3）有较"硬"的机械特性，在电梯运行时因负荷的变化引起运行速度的变化较小。

4）具有良好的调速性能。

5）运转平稳、工作可靠、噪声小及维护方便。

电梯运行中主要考虑电梯的静功率和电梯的起动转矩，通常曳引电动机的容量按以下经验公式计算：

$$W = \frac{qv(1-k)}{102\eta i} \qquad (2\text{-}1)$$

式中　W——电动机功率（kW）；

v——电梯钢丝绳线速度（m/s）；

q——轿厢额定载重量（kg）；

η——电梯的机械传动效率；

i——电梯钢丝绳绕绳倍率；

k——平衡系数，一般为 0.4~0.5。

式（2-1）说明：电动机的功率与轿厢的载重量、钢丝绳的线速度成正比；与电梯钢丝绳绕绳倍率和电梯的机械传动效率成反比。

2. 电磁制动器

电磁制动器的作用是制停轿厢，使电梯在停止时不因轿厢与对重的重量差而产生滑移。电磁制动器是电梯的安全装置之一，直接影响电梯的乘坐舒适感和平层准确度。有齿轮曳引机的电磁制动器安装在电动机轴与蜗杆轴相连处，无齿轮曳引机的电磁制动器安装在电动机与曳引轮之间。

电磁制动器的工作原理：电磁制动器的电磁线圈与电动机并联，当电梯起动时，电磁线圈与曳引电动机同时通电，铁心迅速被吸合，带动制动臂使其克服制动弹簧的弹簧力，使闸瓦张开，制动力消失，电梯得以运行；当电梯停站时，电磁线圈与曳引电动机同时断电，电磁力迅速消失，铁心在制动弹簧的作用下复位，闸瓦将制动轮抱紧，使电梯停止。

装有手动紧急操作装置的电梯驱动主机，应能用手松开制动器并需要以一持续力保持其松开状态。

电磁制动器的基本结构主要有电磁铁、制动臂、制动轮、制动闸瓦、制动带、制动弹簧等部件，如图 2-3 所示。

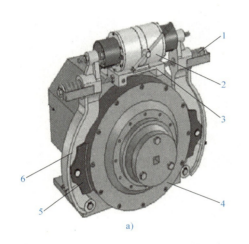

a)　　　　　　　　　　　　　　　　b)

图 2-3　电磁制动器

a）结构　b）外形

1—制动弹簧　2—磁力器　3—磁力器底座　4—制动轮　5—制动闸瓦　6—制动臂

（1）电磁铁

电磁铁的作用是松开闸瓦。电磁铁有交、直流之分，直流电磁铁结构简单、动作平稳、噪声小，因此在电梯中广泛采用块式直流电磁制动器。

（2）制动闸瓦

制动闸瓦用销钉与制动臂相连，其特点是闸瓦可以绕铰点旋转，在电磁制动器安装略有误差时，闸瓦仍能很好地与制动轮配合。为了缩短电磁制动器抱闸、松闸的时间和减小噪声，制动轮与闸瓦工作表面应有 0.5~0.7mm 的间隙，可通过制动臂上的定位螺钉进行调整。

（3）制动弹簧

制动弹簧的作用是压紧制动闸瓦，产生制动力矩。

3. 减速器

减速器（箱）的作用主要是将曳引电动机输出的较高转速降低到曳引轮所需的较低转速，同时得到较大的曳引转矩，以满足电梯运行的要求。

曳引机减速器一般采用蜗杆传动或斜齿轮传动，如图 2-4 所示。斜齿轮减速器效率高、噪声大，适用于调频、调压交流高速电梯中，目前较少使用。蜗杆传动因成本低、传动平稳、噪声小而得到了广泛的应用，因此在此只介绍蜗杆减速器。

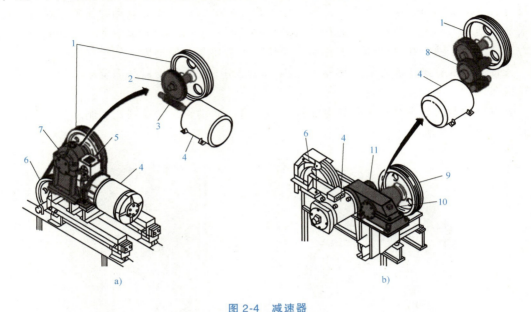

图 2-4　减速器

a）蜗杆减速器　b）斜齿轮减速器

1、9—曳引轮　2—蜗轮　3—蜗杆　4—电动机　5—电磁制动器　6—导向轮　7—减速器

8—斜齿轮　10—斜齿轮箱　11—圆盘闸

如图 2-4a 所示，曳引电动机通过联轴器与蜗杆相连，带动蜗杆高速转动，由于蜗杆的头数与蜗轮的齿数相差很大，从而使由蜗轮轴传递出的转速大为降低，而转矩则得到提高。通常，蜗杆减速器的减速比（即蜗杆轴的转速与蜗轮轴的转速之比）为 21～61，最高可达到 120。

如果以蜗轮与蜗杆的装配位置来分类，可分为上置式减速器和下置式减速器，见表 2-2。

表 2-2　减速器

类型	上置式减速器	下置式减速器
外形		

（续）

类型	上置式减速器	下置式减速器
结构	蜗杆安装在蜗轮上方	蜗杆安装在蜗轮下方
特点	箱内蜗杆、蜗轮齿的啮合面不易进入杂物，安装维修方便，但润滑性较差	润滑性好，但对减速器的密封要求较高，否则容易向外渗漏油
应用	一般适用于轻载的电梯曳引机	一般适用于重载的电梯曳引机

（二）无齿轮曳引机

无齿轮曳引机是电动机直接驱动曳引轮的曳引机。与有齿轮曳引机相比，无齿轮曳引机改变了传统的"电动机——减速器——曳引轮——负载（轿厢和对重）"的曳引驱动模式，做到集曳引电动机、曳引轮、制动器、光电编码器于一体的驱动新模式。无齿轮曳引机的曳引电动机通常采用永磁同步电动机，这种无齿轮永磁同步曳引机具有节能、环保、大转矩和节省安装空间的特点。

1. 无齿轮永磁同步曳引机的结构

无齿轮永磁同步曳引机的结构由永磁同步电动机、制动器、曳引轮和机座等组成，其外形如图 2-5 所示。永磁同步电动机由定子和转子两大部分组成，如图 2-6 所示。在转子上装有特殊形状的永久磁铁，用以产生恒定磁场。电动机的定子铁心上绕有三相绕组，接变频电

图 2-5　无齿轮永磁同步曳引机的外形

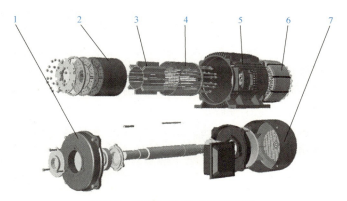

图 2-6　永磁同步电动机的结构

1—端盖　2—转子铁心　3—永磁材料　4—转子导条　5—机座　6—定子铁心　7—风罩

源。从结构上看，永磁同步电动机的转子没有绕组，不会发热；而由于定子铁心直接暴露在外部环境中，易于散热，所以体积较小且重量较轻。

无齿轮永磁同步曳引机由于没有减速器的增扭作用，其电磁制动器工作时所需要的制动力矩比有齿轮曳引机大许多，所以无齿轮曳引机中体积最大的就是电磁制动器。加之无齿轮曳引机多用于复绕式结构，所以曳引轮轴轴承的受力要远大于有齿轮曳引机，相应轴的直径也较大。其电磁制动器的结构如图2-7所示，可以看出，无齿轮永磁同步曳引机的电磁制动器也是由直流电磁线圈、电磁铁心、制动臂、制动闸瓦及闸皮、制动轮、弹簧等构成的。由于无齿轮永磁同步曳引机电磁制动器产生的制动力矩较大，因而无齿轮永磁同步曳引机电磁制动器多采用双直流电磁线圈，而且供电电源电压也比较高，以降低直流电磁线圈的电流。

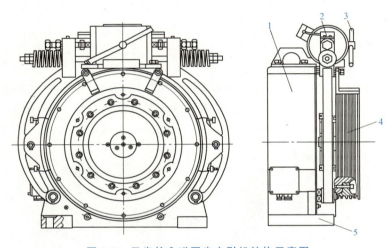

图 2-7　无齿轮永磁同步曳引机结构示意图
1—永磁同步电动机　2—电磁制动器　3—松闸扳手　4—曳引轮　5—底座

2. 无齿轮永磁同步曳引机的优点

与传统的交流异步电动机或直流电动机驱动、采用蜗杆减速器传动的曳引机相比，无齿轮永磁同步曳引机具有以下优点。

1）由于采用多极低速的永磁同步电动机直接驱动，没有了蜗杆传动机构，所以体积小、传动效率高（可提高20%～30%），运行噪声低（可降低5～10dB）。

2）永磁同步电动机的体积小、能耗低、效率高，且转矩大，制动电流小。使所需要的电动机功率和变频器容量都得到减小。

3）建筑空间小，可缩小机房甚至不需要机房；由于不存在齿轮磨损问题且不需要定期更换润滑油，因此维护方便、工作寿命长、安全可靠。

因为无齿轮永磁同步曳引机具有上述优点，所以近年来已逐步取代由蜗杆减速器传动的传统曳引机，已成为电梯技术发展的一个趋势。

三、曳引机的其他部件

（一）曳引轮

曳引轮（见图2-8）是嵌挂钢丝绳的轮子，也称为驱绳轮，绳的两端分别与轿厢和对重装置连接。当曳引轮转动时，通过曳引钢丝绳和曳引轮绳槽之间的摩擦传递动力，驱动轿厢和对重装置上下运行。

因为曳引轮要承受电梯轿厢自重、曳引绳重、载重和对重的全部重量，所以其制造材料要保证具有一定的强度和韧性。其结构要素是直径和绳槽的形状，曳引轮是靠曳引钢丝绳与绳槽之间的静摩擦来传递动力的，曳引轮绳槽的形状是决定摩擦力大小的主要因素。常见的槽形有半圆槽、带

图 2-8　曳引轮

切口半圆槽和楔形槽三种，如图2-9所示。带切口半圆槽的摩擦系数与磨损程度介于半圆槽和楔形槽之间，因此在电梯上得到了广泛的使用。其中，带切口半圆槽的开口越大，摩擦系数就越大，磨损也就越严重。

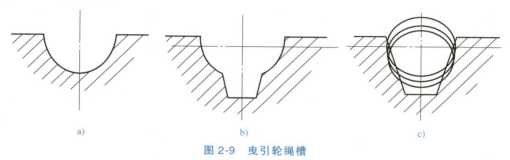

a)　　　　　　　　　　　b)　　　　　　　　　　　c)

图 2-9　曳引轮绳槽

a) 半圆槽　b) 带切口半圆槽　c) 楔形槽

曳引轮的大小直接影响电梯的运行性能和使用效率。曳引轮的直径与额定载重量、曳引钢丝绳的使用寿命等因素有关。曳引钢丝绳安装在曳引轮绳槽中形成弯曲时，将直接影响曳引钢丝绳的使用效果和寿命。曳引轮节圆直径与钢丝绳直径之比不应小于40。

（二）导向轮

导向轮如图 2-10 所示，由轴、轴套和绳轮等机件构成。轴套和绳轮装成一体，再将轴装进轴套里，轴通过轴瓦架紧固在曳引机承重梁下方（可见图 2-1 中的部件 6）。导向轮上开有曳引绳槽，导向轮的绳槽间距与曳引轮的绳槽间距相等。

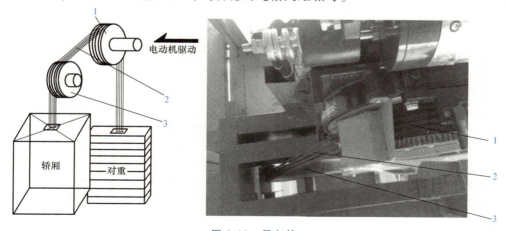

图 2-10　导向轮

1—曳引轮　2—曳引钢丝绳　3—导向轮

导向轮的主要作用是调节和控制轿厢与对重的距离，以及曳引绳在曳引轮上的包角，该包角对于曳引比为 1 : 1 的电梯应不小于 120°。

 工作步骤

步骤一：实训准备

（1）指导教师事先了解准备组织学生观察的电梯曳引机的周边环境等，事先做好预案（参观路线、学生分组等）。

（2）由指导教师对操作的安全规范要求作简单介绍。

步骤二：观察电梯曳引机

学生以 3～6 人为一组，在指导教师的带领下全面、系统地观察电梯曳引机的基本结构，认识电梯曳引机主要部件的安装位置以及作用，然后将学习情况记录于表 2-3～表 2-6 中（也可自行设计记录表格）。

表 2-3　电梯曳引机部件的观察记录

序号	部件	类　型	相关记录
1	曳引电动机	直流电动机、交流单速笼型异步电动机、交流双速笼型异步电动机、绕线转子异步电动机、永磁同步电动机、其他电动机	
2	电动机铭牌	型号：　　　　　额定载重：　　　　　额定功率： 额定电压：　　　　额定电流：　　　　额定转速：	
3	曳引机	1）无齿轮 2）有齿轮：上置式、下置式 3）其他类型	
4	电磁制动器		
5	曳引轮	槽形：半圆槽、带切口半圆槽、楔形槽	
6	导向轮		
7	其他部件记录		

表 2-4　无齿轮永磁同步曳引机观察记录

主机型号		额定功率	
绕绳比		额定转速	
绝缘等级		额定载重	
防护等级		额定转矩	
曳引轮节径		额定电压	
绳槽数量		额定电流	
重　量		额定频率	
出厂编号		出厂日期	

表 2-5　有齿轮曳引机观察记录

型　号		钢绳直径	
额定载重		绕绳方式	
额定速度		整机重量	
减速比		编　号	

表2-6　电磁制动器观察记录

型　　号		间　　隙	
额定功率		最大工作间隙	
额定电压		制动轮直径	

> **注意**：操作过程中要注意安全，由于本任务尚未进行进出轿顶和底坑的规范操作训练，因此不宜进入轿顶与底坑；在机房观察曳引机设备也应在教师指导下进行。

步骤三：实训总结

学生分组，每个人口述所观察的电梯曳引机的基本结构和主要部件功能。做到能说出部件的类型（型号）、主要功能和作用；再交换角色，反复进行。

 阅读材料

阅读材料2.1　曳引电动机

1. 曳引电动机的类型

因为曳引机（图2-11）是驱动电梯上下运行的动力源，经常工作在重复短时状态、电动状态和再生制动状态下，因此，要求曳引机不但能适应频繁起动、制动的要求，而且要求起动转矩大、起动电流小、机械特性好、噪声小。尤其当供电电压在±7%的范围内变化时，曳引机仍能正常起动和运行。因此，电梯用的曳引电动机是专用的电动机，有交流电动机和直流电动机两种。根据电梯类型的不同，分别采用直流电动机，笼型单速、双速或三速电动机。

电梯上常用的交流电动机的类型有单速电动机、双速电动机和三速电动机。单速电动机是指单速笼型异步电动机，一般为杂物梯、简易电梯选用。这种电动机一般为4极，同步转速为1500r/min。

图2-11　曳引机

1—电磁制动器　2—联轴器　3—惯性轮
4—曳引电动机　5—曳引轮　6—减速器

2. 电梯电动机和工业电动机的区别

因为电梯的运行要求不同，所以电梯电动机和工业电动机有较大区别，主要表现在以下几方面。

1）起动电流：电梯电动机是350%额定电流，而工业电动机是600%额定电流。

2）转矩：电梯电动机是60%（丫联结）额定转矩，而工业电动机是180%（△联结）额定转矩。

3）加速时，为了保证乘用电梯的舒适感，电梯电动机转矩和起动电流基本恒定。

4）电梯电动机和工业电动机的工作制不同。

5）工业电动机常采用Ｙ-△起动控制，而在近代电梯电动机中往往不采用。

6）电梯电动机的优点是装在一个房间里，比工业电动机防护要求高，防护等级为IP21，而工业电动机为IP44~IP54。

7）为了保证住房和办公室的环境，电梯电动机的噪声要求比工业电动机低。如15kW电动机，工业电动机为80dB，而电梯电动机则要求为70dB。

8）电梯电动机要求频繁起动和制动，所以在结构上和工业电动机有着极大的区别，如DM系列电动机带电磁制动器、交流电梯电动机的转子带有中间短路环等。

9）由于用途的不同，医用电梯要求具有较高的平稳度，货梯要求具有较高的载重量。又因为控制的原因，如采用变频调速，这样对电梯电动机又提出了其他要求。

10）直流电梯电动机常用于高速梯中，属于无齿轮连接，载重大，可达10t，运行时舒适感最好，但结构复杂、制造困难、价格高。

11）电梯电动机常常采用各种各样的风机。

12）对于液压电梯，常采用2p、三相5~40kW的电动机，电动机全部浸入油中，靠油冷却。

学习任务2.2　曳引钢丝绳与绳头组合

基础知识

一、曳引钢丝绳

曳引钢丝绳是电梯中的重要构件。曳引钢丝绳在绕过曳引轮和导向轮后，一端与轿厢连接，另一端与对重连接，因此电梯轿厢的曳引驱动、速度的限制、轿厢与对重的重量平衡等，都是通过曳引钢丝绳来实现的。曳引钢丝绳对电梯的运行与安全起着非常重要的作用。

曳引钢丝绳的结构、绕法及端接装置

1. 曳引钢丝绳的特点

由于使用情况的特殊性及安全方面的要求，决定了曳引钢丝绳必须具有较高的安全系数，因此电梯曳引钢丝绳应具备以下几方面的特点。

1）具有较高的强度和径向韧性。

2）具有较好的抗磨性。

3）能很好地抵消冲击负荷。

一般情况下，电梯曳引钢丝绳不需要另外润滑，因为润滑以后会降低曳引钢丝绳与曳引轮之间的摩擦系数，影响电梯的正常曳引能力。

2. 曳引钢丝绳的组成

曳引钢丝绳由钢丝、绳股和绳芯组成，如图2-12所示。

1）钢丝：是钢丝绳的基本强度单元，制绳用钢丝应符合GB 8903—2005《电梯用钢丝绳》的规定。

图 2-12　曳引钢丝绳

1—钢丝　2—绳股　3—绳芯

2）绳股：用数根钢丝捻成的每一根小绳称为绳股。相同直径与结构的钢丝绳，股数多的抗疲劳强度就高。电梯用钢丝绳的股数有 6 股和 8 股两种，多采用 8 股绳。

3）绳芯：是被绳股所缠绕的挠性芯棒，起到支撑固定绳股的作用，绳芯分纤维芯和钢芯两种。电梯用钢丝绳多采用纤维绳芯，这种绳芯能增加绳的柔软性，还能起到储存润滑油的作用。

3. 曳引钢丝绳的分类

电梯使用按国家标准 GB 8903—2005《电梯用钢丝绳》生产的电梯专用钢丝绳，分为8×(19) 和 6×(19) 两种，其结构如图 2-13 所示。6×(19) 表示这种钢丝绳有 6 股，每股有 3 层，最里层为 1 根整体的钢丝绳芯，外面两层都是 9 根钢丝；8×(19) 表示这种钢丝绳有 8 股，每股 3 层，最里层为 1 根整体的钢丝绳芯，外面两层都是 9 根钢丝。两种钢丝绳均有直径为 8mm、10mm、11mm、13mm、16mm 等规格，都是采用纤维绳芯。

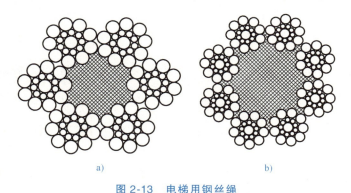

a)　　　　　　　　　　　　　　　b)

图 2-13　电梯用钢丝绳

a）6×(19) 钢丝绳　b）8×(19) 钢丝绳

按照绳股的形状可分为圆形股和异形股。异形股钢丝绳与绳槽的接触面较大，使用寿命较长，但由于制造复杂，所以在电梯中多使用图 2-13 所示的圆形股钢丝绳。

如果按照钢丝在股中或股在绳中捻制的螺旋方向，曳引钢丝绳还可分为右捻和左捻两种。如果按照股的捻向与绳的捻向是否相同，又有交互捻与同向捻之分。由于交互捻钢丝绳的绳与股的捻向相反，作用力相互抵消，在使用中没有扭转打结的趋势，所以在电梯中必须使用交互捻钢丝绳。

4. 曳引钢丝绳的主要规格参数与性能指标

（1）公称直径

公称直径是曳引钢丝绳的主要规格参数，是指钢丝绳外围的直径，规定不小于 8mm。

（2）破断拉力

破断拉力是指整条钢丝绳被拉断时的最大拉力，是钢丝绳中钢丝的组合抗拉能力；而破断拉力总和是指钢丝在未经缠绕前的抗拉强度总和。钢丝一经缠绕成绳后，由于弯曲变形，其抗拉强度会有所下降，一般钢丝绳的破断拉力为破断拉力总和的85%。

（3）公称抗拉强度

公称抗拉强度是指单位钢丝绳截面积的抗拉能力。钢丝绳公称抗拉强度=钢丝绳破断拉力总和/钢丝截面积总和（单位为 N/mm^2）。

破断拉力和公称抗拉强度是曳引钢丝绳的主要性能指标。

（4）安全系数

安全系数是指装有额定载荷的轿厢停靠在最低层站时，一根钢丝绳（或链条）的最小破断拉力与这根钢丝绳（或链条）所受的最大力之间的比值。计算最大受力时，应考虑下列因素：钢丝绳（或链条）的根数、回绕倍率（采用复绕法时）、额定载重量、轿厢质量、钢丝绳（或链条）质量、随行电缆部分的质量以及悬挂于轿厢的任何补偿装置的质量。

电梯曳引钢丝绳的安全系数应不小于下列值：用三根或三根以上钢丝绳的为12；用两根钢丝绳的曳引驱动电梯为16；卷筒驱动电梯为12。

5. 影响钢丝绳寿命的因素

（1）拉伸力

当钢丝绳中的拉伸载荷变化为20%时，钢丝绳的寿命变化达 30%~200%。

（2）弯曲度

弯曲应力与曳引轮的直径成反比。所以曳引轮、反绳轮的直径不能小于钢丝绳直径的40倍。

（3）曳引轮绳槽形状和材质

好的绳槽形状使钢丝绳在绳槽上有良好的接触，产生最小的外部和内部压力，能减少磨损而延长使用寿命。

（4）腐蚀

要特别注意的是麻质填料解体或水和尘埃渗透到钢丝绳内部而引起的腐蚀，对钢丝绳的寿命影响很大。

除此之外，电梯的安装质量、维护质量、钢丝绳的润滑情况，钢丝绳本身的性能指标、直径大小和捻绕形式等也都会影响钢丝绳的寿命。

二、曳引钢丝绳的绳头组合

1. 绳头组合方式

固定钢丝绳端部的装置称为绳头组合，曳引钢丝绳必须与绳头进行组合才能与其他机件相连接。绳头组合的质量直接影响组合后钢丝绳的实际强度。按照 GB/T 10058—2009《电梯技术条件》规定，绳头组合的机械强度应不低于钢丝绳最小破断负荷的80%。电梯曳引钢丝绳常用的绳头组合方式有绳卡法、插接法、金属套筒法、锥形套筒法和自锁紧楔形绳套法，如图 2-14 所示。

2. 制作方法

（1）锥形套筒法

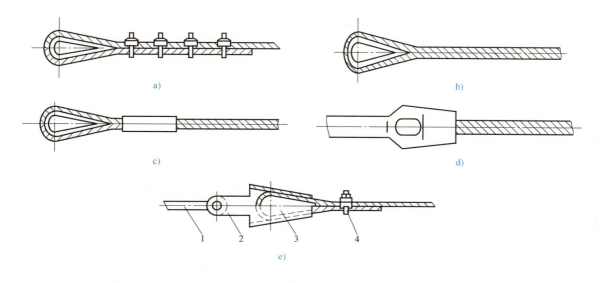

图 2-14　电梯曳引钢丝绳常用的绳头组合方式

a）绳卡法　b）插接法　c）金属套筒法　d）锥形套筒法　e）自锁紧楔形绳套法
1—拉杆　2—套筒　3—楔形块　4—绳卡

锥形套筒法的绳头制作方法是：钢丝绳末端穿过锥形套筒后，将绳头钢丝解散，并把各股向绳的中心弯成圆锥状拉入锥套内；然后浇灌低熔点合金（如巴氏合金）或树脂，待凝固后即可。具体可见本任务的实训操作。锥形套筒法可靠性高，对钢丝绳的强度几乎没有影响，因此曾被广泛应用在各类电梯上。但由于制作不够方便等原因，在新制造的电梯中已普遍采用自锁紧楔形绳套法。

（2）自锁紧楔形绳套法

自锁紧楔形绳套法的绳套分为套筒和楔形块，钢丝绳绕过楔形块，套入套筒，依靠楔形块与套筒内孔斜面的配合，使钢丝绳在拉力作用下自动锁紧。这种组合方式具有拆装方便的优点，不必用巴氏合金浇灌，安装绳头时更方便，工艺更简单，并能获得 80% 以上的钢丝绳强度，但抵抗冲击载荷的能力相对较差。目前新制造的电梯中一般都采用这种方法。

三、限速器钢丝绳

电梯正常运行时，限速器钢丝绳把轿厢的垂直运动转化为限速器的旋转运动，使限速器转动；当轿厢超速时，限速器钢丝绳被卡住，提起轿厢安全钳迫使电梯紧急制停。因此限速器钢丝绳要能承受住电梯紧急制停时的冲击力，其选用的规格根据电梯运行速度确定。限速器绳的公称直径应不小于 6mm，且限速器绳轮的节圆直径与绳的公称直径之比应不小于 30。

 工作步骤

步骤一：认识曳引钢丝绳及绳头组合方式

1）由实训室提供各种类型的曳引钢丝绳让学生识别，并作记录（见表 2-7）。

表 2-7　曳引钢丝绳学习记录

序号	部件	类　　　型	相关记录
1	曳引钢丝绳的类型	6×(19)钢丝绳　　8×(19)钢丝绳	
2	曳引钢丝绳的公称直径/cm		
3	其他记录		

2）由实训室提供各种类型的曳引钢丝绳绳头组合让学生识别，并作记录（见表2-8）。

表 2-8　曳引钢丝绳绳头组合学习记录

序号	部件	类　　　型	相关记录
1	曳引钢丝绳绳头组合的类型	绳卡法、插接法、金属套筒法、锥形套筒法、自锁紧楔形绳套法	
2	其他记录		

步骤二：曳引钢丝绳绳头组合制作练习

学生以 2~4 人为一组，在教师的指导下进行曳引钢丝绳绳头组合制作的练习。

1. 锥形套筒法

（1）裁截钢丝绳

按图 2-15a 所示，将待裁截的钢丝绳用 0.5~1mm 的铁丝分三处扎紧，且每处的捆扎长度应不小于钢丝绳的直径：第一道扎在待裁截处；第二道与第一道的距离为 2L（L 为锥形套筒锥形部分的长度）；第三道在距第二道 30~40mm 处。然后在第一道捆扎处用将钢丝绳截断。

（2）松开绳股

把已截断的钢丝绳穿入锥形套筒中，解开第一道铁丝，将钢丝绳松开，然后在接近第二道捆扎处将绳芯截断，如图 2-15b 所示。

（3）弯折钢丝

把各股向绳的中心弯成圆锥状或麻花状，如图 2-15c 所示，注意弯折长度应在绳径的 2.5 倍以上，但要小于 L；然后将弯折部分拉入锥套内，注意在施力时不要损伤钢丝绳。当全部拉入时，第二道捆扎处应绝大部分露出锥套小端。完成后的实物如图 2-16a 所示。

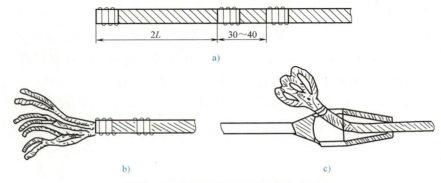

a)

b)　　　　　　　　　　c)

图 2-15　锥形套筒法的绳头制作方法

a) 钢丝绳的捆扎示意图　b) 松开绳股示意图　c) 弯折钢丝示意图

a)　　　　　　　　　b)

图 2-16　绳头实物

a）锥形套筒法　b）自锁紧楔形绳套法

注意： 仅作为练习，不进行合金浇灌。

2. 自锁紧楔形绳套法

1）钢丝绳绕过楔形块，套入套筒。

2）依靠楔形块与套筒内孔斜面的配合，使钢丝绳在拉力作用下自动锁紧，完成后的实物如图 2-16b 所示。

 **评价反馈**

（一）自我评价（40 分）

由学生根据学习任务完成情况进行自我评价，将评分值记录于表 2-9 中。

表 2-9　自我评价

学习任务	项目内容	配分	评 分 标 准	扣分	得分
学习任务 2.1、2.2	1. 安全意识	10	1. 不遵守安全规范操作要求，酌情扣 2~5 分 2. 有其他违反安全操作规范的行为，扣 2 分		
	2. 熟悉曳引机的主要部件和作用	40	1. 没有找到指定的部件，每个扣 5 分 2. 不能说明部件的作用，每个扣 5 分 3. 表 2-3~表 2-6 记录不完整，每个扣 5 分		
	3. 曳引钢丝绳和绳头组合方式的识别	10	1. 不能正确识别，每个扣 5 分 2. 表 2-7、表 2-8 记录不完整，每个扣 5 分		
	4. 曳引钢丝绳绳头组合制作	30	1. 不能完成制作任务，酌情扣 10~50 分 2. 制作工艺较差，每处扣 5~10 分		
	5. 职业规范和环境保护	10	1. 在工作过程中工具和器材摆放凌乱，扣 3 分 2. 不爱护设备、工具，不节省材料，扣 3 分 3. 在工作完成后不清理现场，在工作中产生的废弃物不按规定处置，各扣 2 分；若将废弃物遗弃在井道内，扣 3 分		

总评分 =（1~5 项总分）×40%

签名：_____　_____年____月____日

（二）小组评价（30分）

由同一实训小组的同学结合自评的情况进行互评，将评分值记录于表2-10中。

表2-10　小组评价

项 目 内 容	配分	评分
1. 实训记录与自我评价情况	30分	
2. 相互帮助与协作能力	30分	
3. 安全、质量意识与责任心	40分	
	总评分＝（1~3项总分）×30%	

参加评价人员签名：_____　_____年＿月＿日

（三）教师评价（30分）

由指导教师结合自评与互评的结果进行综合评价，并将评价意见与评分值记录于表2-11中。

表2-11　教师评价

教师总体评价意见：

教师评分（30分）	
总评分＝自我评分+小组评分+教师评分	

教师签名：_____　_____年____月____日

 阅读材料

阅读材料2.2　新型曳引复合钢带

在电梯技术不断发展的今天，为了配合小机房或无机房电梯曳引系统（见图2-17）的应用，出现了一种有别于传统电梯曳引钢丝绳的新型复合钢带（见图2-18）。它是将柔韧的聚氨酯外套包在钢丝外面而制成的扁平形带子（见图2-18b），一般宽30mm，厚度仅3mm。与传统的钢丝绳相比，新型的复合钢带更灵活耐用，且重量仅为传统钢丝绳的80%，工作寿命则延长了2~3倍。每条钢带所含的钢丝比传统钢丝绳多得多（图2-18所示的钢带共含有588根高张力的钢丝），能承受3600kg的重量。由于这种钢带具有良好的柔韧性，因而能围绕直径更小的驱动轮弯曲；钢带的聚氨酯外层具有比传统钢丝绳更好的牵引力，因此能更有效地传送动力。此外，扁平钢带的接触面积更大，从而减少了驱动轮的磨损。这都促使电梯的曳引系统更加小型化。

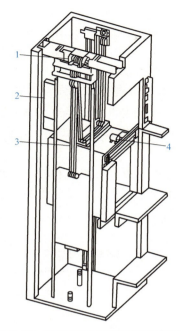

图 2-17　无机房电梯曳引系统示意图

1—小型驱动电动机　2—控制器　3—复合钢带　4—门电动机

a)　　　　　　　　　　　　　　　　　　　b)

图 2-18　曳引钢丝绳与复合钢带

a）传统圆形钢丝绳　b）新型复合钢带

 项目小结

本项目介绍了电梯的曳引系统。

1）电梯曳引系统的作用是产生输出动力，曳引轿厢运行。曳引系统主要由曳引机、减速器、电磁制动器、曳引轮、导向轮和曳引钢丝绳等部件组成。其中，曳引机作为电梯运行的动力源，是曳引系统的核心部分。

2）电梯传统上使用交流异步电动机拖动的，采用蜗轮蜗杆减速器传动的有齿轮曳引机。为适应节能、环保、高速、低耗和减小机房建筑空间的要求，目前已更多地采用无齿轮永磁同步曳引机。

3）在曳引驱动式电梯中，电梯轿厢的曳引驱动、速度的限制、轿厢与对重的重量平衡等，都是通过钢丝绳实现的，因此曳引钢丝绳对电梯的运行与安全有着非常重要的作用。

4）在电梯中使用的是交互捻制的圆形股钢丝绳。曳引钢丝绳的主要规格参数是公称直径，主要性能指标是破断拉力和公称抗拉强度。

5）曳引钢丝绳的绳头组合即是固定钢丝绳端部的装置。规定绳头组合的机械强度应不低于钢丝绳最小破断负荷的80%。电梯曳引钢丝绳常用的绳头组合方式有绳卡法、插接法、金属套筒法、锥形套筒法和自锁紧楔形绳套法。目前新制造的电梯中均采用自锁紧楔形绳套法。

通过本项目的学习，学生应对电梯的曳引系统有较全面的了解，知道电梯曳引系统各主要部件的类型、作用、原理与使用方法，能够识别各种曳引钢丝绳和常用绳头组合方式，基本掌握锥形套筒法和自锁紧楔形绳套法的制作工艺。

 思考与练习题

2-1　填空题

1. 电梯曳引系统的作用是＿＿＿＿＿＿＿＿＿＿＿＿。

2. 电梯曳引系统主要由＿＿＿＿、＿＿＿＿、＿＿＿＿、＿＿＿＿和＿＿＿＿等部件所组成。

3. 曳引轮绳槽的形状一般有＿＿＿＿＿、＿＿＿＿＿和＿＿＿＿＿三种。

4. 曳引钢丝绳由＿＿＿＿、＿＿＿＿和＿＿＿＿三部分所组成。

5. 曳引钢丝绳的公称直径是指＿＿＿＿＿＿＿＿＿＿。

6. 所谓曳引钢丝绳的绳头组合是指＿＿＿＿＿＿＿＿＿＿。常用的组合方式有＿＿＿＿＿法、＿＿＿＿＿法、＿＿＿＿＿法、＿＿＿＿＿法与＿＿＿＿＿法五种。

2-2　选择题

1. 电梯的曳引系统包括曳引电动机、减速器、曳引轮、曳引钢丝绳、电磁制动器和（　　）。

A. 限速器　　　　B. 安全钳　　　　C. 控制柜　　　　D. 导向轮

2. 以下不属于电梯曳引系统的是（　　）。

A. 制动器　　　　B. 减速器　　　　C. 导向轮　　　　D. 轿厢

3. 带减速器的曳引机为（　　）。

A. 有齿轮曳引机　　　　　　　　B. 无齿轮曳引机

C. 立式曳引机　　　　　　　　　D. 其他曳引机

4. 曳引电动机为（　　）。

A. 长期工作制　　　　　　　　　B. 短时工作制

C. 重复短时工作制　　　　　　　D. 其他工作制

5. 减速器的作用主要是（　　）。

A. 获得较高的转速和较小的曳引转矩　　　B. 获得较低的转速和较大的曳引转矩

C. 获得较高的转速和较大的曳引转矩　　　D. 获得较低的转速和较小的曳引转矩

6. 在电梯曳引系统中，有一个重要的安全装置，在通电时松闸、断电时抱闸，它是（　　）。

A. 安全钳　　　　　B. 电磁制动器　　　　C. 减速器　　　　D. 极限开关

7. 电梯电磁制动器的电磁线圈与曳引电动机是（　　）。

A. 曳引电动机通电，电磁制动器的电磁线圈断电

B. 曳引电动机断电，电磁制动器的电磁线圈通电

C. 曳引电动机与电磁制动器的电磁线圈同时通、断电

D. 曳引电动机与电磁制动器的电磁线圈延时通、断电

8. 电梯使用的电磁制动器从制动原理上属于（　　）。

A. 电气制动　　　　B. 机械制动　　　　C. 反接制动　　　　D. 能耗制动

9. 关于电磁制动器下列说法正确的是（　　）。

A. 制动力大小取决于制动弹簧力（压缩量），松闸力大小取决于制动线圈的电磁力

B. 制动力大小取决于制动弹簧力（压缩量），松闸力大小取决于制动弹簧力（压缩量）

C. 制动力大小取决于制动线圈的电磁力，松闸力大小取决于制动弹簧力（压缩量）

D. 制动力大小取决于制动线圈的电磁力，松闸力大小取决于制动线圈的电磁力

10. （　　）不会对电梯的曳引力产生影响。

A. 曳引比　　　　B. 平衡系数　　　　C. 包角　　　　D. 曳引轮绳槽形状

11. 曳引轮不需要支承（　　）的重量。

A. 对重　　　　B. 轿厢　　　　C. 钢丝绳　　　　D. 曳引机

12. 将曳引绳引导到对重架或轿厢的绳轮是（　　）。

A. 曳引轮　　　　B. 导向轮　　　　C. 制动轮　　　　D. 其他

13. 驱动电梯运行的曳引力是曳引钢丝绳与曳引轮绳槽之间的（　　）。

A. 结合力　　　　B. 摩擦力　　　　C. 正压力　　　　D. 牵引力

14. 曳引式电梯是利用（　　）与曳引轮绳槽的摩擦产生曳引力的。

A. 曳引钢丝绳　　　　B. 制动带　　　　C. 蜗轮　　　　D. 蜗杆

15. 曳引式电梯的轿厢上、下运动是靠（　　）之间产生的摩擦力驱动的。

A. 电动机与安全钳　　　　　　　　B. 导轨与导靴

C. 张紧轮与钢丝绳　　　　　　　　D. 曳引轮绳槽与钢丝绳

16. 曳引轮常见的绳槽形状有半圆槽、带切口半圆槽和楔形槽三种。（　　）的摩擦系数与磨损程度介于半圆槽和楔形槽之间，因此在电梯上得到了广泛的使用。

A. 半圆槽　　　　　　　　　　　　B. 带切口半圆槽

C. 楔形槽　　　　　　　　　　　　D. 不确定

17. 电梯曳引轮绳槽形状中，以（　　）产生的曳引力最大。

A. 带切口的半圆槽　　　　　　　　B. V 型槽

C. 半圆槽　　　　　　　　　　　　D. 带切口的 V 形槽

18. V 型绳槽磨损时摩擦系数（　　）。

A. 变小　　　　B. 变大　　　　C. 不变　　　　D. 不确定

19. 带切口半圆槽磨损时摩擦系数（　　）。

A. 变小 　　　　B. 变大 　　　　C. 不变 　　　　D. 不确定

20. 调整曳引钢丝绳在曳引轮上的包角和轿厢与对重的相对位置而设置的滑轮称为（　　）。

A. 制动轮 　　　　B. 导向轮 　　　　C. 对重轮 　　　　D. 曳引轮

21. 将曳引绳引导到对重架或轿厢的绳轮是（　　）。

A. 制动轮 　　　　B. 导向轮 　　　　C. 对重轮 　　　　D. 曳引轮

22. 曳引钢丝绳的破断拉力总和是指（　　）。

A. 单根钢丝绳被拉断时的最大拉力 　　　　B. 钢丝在未经缠绕前的抗拉强度总和

C. 钢丝经缠绕成绳后的抗拉强度总和 　　　　D. 没有区分

23. 曳引钢丝绳常漆有明显标记，这是（　　）标记。

A. 换速 　　　　B. 平层 　　　　C. 加油 　　　　D. 检修

24. 电梯曳引钢丝绳与曳引轮绳槽之间切忌有过分的润滑，可在钢丝绳表面（　　）。

A. 加润滑脂 　　　　　　　　B. 加机械油

C. 加各种润滑剂 　　　　　　D. 加适量的薄质防锈油

25. 在同等条件下，曳引轮直径与曳引钢丝绳直径的比值越大，钢丝绳的使用寿命（　　）。

A. 越短 　　　　B. 越长 　　　　C. 不变 　　　　D. 都有可能

26. 曳引钢丝绳中每根钢丝绳的张力与（　　）之比，偏差应不大于 5%。

A. 平均张力 　　　　B. 最大张力 　　　　C. 最小张力 　　　　D. 任意

27. 曳引钢丝绳的破断拉力是指（　　）。

A. 单根钢丝绳被拉断时的最大拉力 　　　　B. 单股钢丝绳被拉断时的最大拉力

C. 整条钢丝绳被拉断时的最大拉力 　　　　D. 都不对

28. 一般钢丝绳的破断拉力（　　）破断拉力总和。

A. 大于 　　　　B. 小于 　　　　C. 等于 　　　　D. 不等于

29. 曳引钢丝绳绳头组合的抗拉强度应（　　）。

A. 大于曳引钢丝绳的抗拉强度 　　　　B. 等于曳引钢丝绳的抗拉强度

C. 不低于曳引钢丝绳抗拉强度的 80% 　　　　D. 不低于曳引钢丝绳抗拉强度的 90%

30. 电梯曳引钢丝绳的公称直径应不小于（　　）mm。

A. 6 　　　　B. 8 　　　　C. 12 　　　　D. 10

31. 曳引摩擦力（　　），会导致曳引绳与曳引轮之间打滑，轿厢不受控制，容易发生危险。

A. 过大 　　　　B. 过小 　　　　C. 不变 　　　　D. 相等

32. 对于用三根或三根以上曳引钢丝绳的曳引驱动电梯，其静载安全系数不小于（　　）。

A. 12 　　　　B. 16 　　　　C. 8 　　　　D. 10

33. 电梯电动机与减速器之间的联接方式一般采用（　　）联接。

A. 联轴器 　　　　B. 特殊材料黏接 　　　　C. 焊接 　　　　D. 铆接

34. 电梯使用的电磁制动器，一般采用（　　）供电。

A. 直流　　　　　　B. 交、直流　　　　　C. 交流　　　　　　D. 信号控制

35. 电梯的曳引轮直径与曳引钢丝绳直径之比不应小于（　　　）。

A. 45　　　　　　　B. 50　　　　　　　C. 40　　　　　　　D. 30

2-3　判断题

1. 立式曳引机属于无齿轮曳引机。（　　　）

2. 装有手动盘车手轮的曳引机的电磁制动器应具有手动松闸装置。（　　　）

3. 钢丝一经缠绕成绳后，由于弯曲变形，其抗拉强度会有所提高。（　　　）

4. 曳引轮的槽形会影响到曳引钢丝绳的寿命，所以是曳引轮的结构要素之一。（　　　）

5. 在新制造的电梯中，曳引钢丝绳的绳头组合一般都采取锥形套筒法。（　　　）

6. 自锁紧楔形绳套法的制作比较方便。（　　　）

7. 曳引轮是靠钢丝绳与绳槽的摩擦来传递动力的。（　　　）

8. 导向轮的作用是限制轿厢和对重的活动自由度。（　　　）

9. 目前各类曳引轮绳槽中，以楔形槽产生的曳引力为最大，因此广泛应用于电梯曳引机上。（　　　）。

2-4　综合题

1. 试述曳引机的分类。

2. 试述对曳引电动机的要求。

3. 试述影响曳引钢丝绳工作寿命的主要因素。

2-5　学习记录与分析

1. 分析表 2-3～表 2-6 中记录的内容，小结观察电梯曳引系统的主要收获与体会。

2. 分析表 2-7、表 2-8 中记录的内容，小结识别各种曳引钢丝绳和绳头组合方式的主要收获与体会。

3. 小结曳引钢丝绳两种绳头组合方式制作的过程、步骤、要点和基本要求。

2-6　试叙述对本任务的认识、收获与体会。

项目 3　电梯的轿厢系统

项目分析

本项目的主要内容是认识电梯的轿厢，了解电梯轿厢的结构和超载装置。

建议学时

建议完成本项目用时 8~10 学时。

学习目标

应知

（1）了解电梯轿厢的基本结构。

（2）了解轿厢的超载装置。

应会

（1）能够说出组成轿厢的各个部分。

（2）能够说出轿厢超载装置的作用。

学习任务 3.1　电梯轿厢的基本结构

基础知识

电梯的轿厢是用于装载乘客或其他载荷的箱形装置，由轿厢架与轿厢体（轿壁、轿顶、轿底和轿门）构成，导靴、安全钳及操纵机构也装设于轿厢架上，如图 3-1 所示。轿厢借助轿厢架立柱上下四组导靴沿导轨作垂直升降运动。

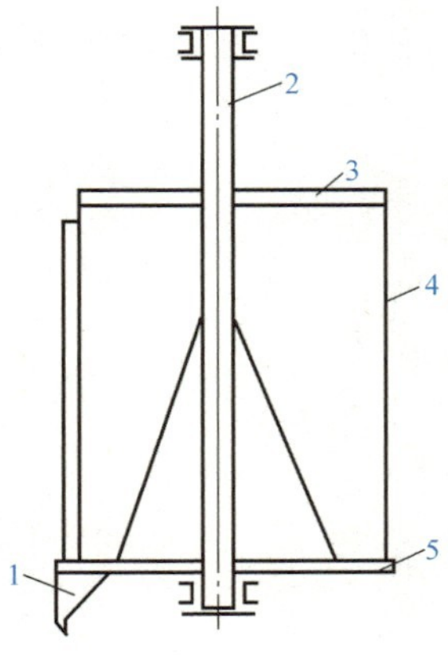

一、轿厢架

1. 轿厢架的作用

轿厢架是固定和支承轿厢的框架，是承受电梯轿厢重量的构件，轿厢的负荷（自重和载重）由轿厢架传递到曳引钢丝绳。要求轿厢架有较好的刚性和强度，保证电梯运行过程中产生超速而导致安全钳钳住导轨制停轿厢，或轿厢下坠与底坑内缓冲器相撞时，能够承受由此产生的反作用力，不致发生变形与受到损坏；要求轿厢架的上梁、下梁在轿厢满载时最大挠度小于其跨度的 1/1000。

轿厢系统的作用、组成和类型

图 3-1　电梯轿厢的基本结构

1—护脚板　2—轿厢架　3—轿顶
4—轿壁　5—轿底

2. 轿厢架的结构

轿厢架一般由上梁、下梁、立梁和拉条等组成，如图 3-2 所示，选用型钢或钢板按要求压成型材构成。上梁、下梁。立梁之间一般采用螺栓紧固联接。在上、下梁的两端有供安装轿厢导靴和安全钳的位置，在上梁中部设有安装轿顶轮或绳头组合装置的安装板，上梁还装有安全钳操作拉杆和电气开关，在立梁（侧立柱）上留有安装轿厢壁板的支架及排布有安全钳操纵拉杆等。

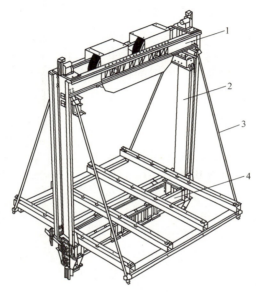

图 3-2 轿厢架的结构

1—上梁 2—立梁 3—拉条 4—下梁

3. 轿厢架的种类

轿厢架可分为对边型（见图 3-3a）和对角型（见图 3-3b）两种结构，对边型轿厢架适用于一面或对穿设置轿门的电梯，受力情况较好；对角型轿厢架适用于在相邻两边设置轿门

a)   b)

图 3-3 轿厢架

a）对边型 b）对角型

的轿厢，受力情况较差。

二、轿厢体

轿厢体是由经压制成形的薄金属板组合成的一个箱形结构，由轿底、轿壁、轿顶及轿门等组成，如图 3-4 所示。GB 7588—2003《电梯制造与安装安全规范》规定：轿壁、轿厢地板和轿顶应具有足够的机械强度，包括轿厢架、导靴、轿壁、轿厢地板和轿顶的总成也须有足够的机械强度，以承受电梯正常运行、安全钳动作或轿厢撞击缓冲器的作用力，并且不得使用易燃或可能产生有害或大量气体和烟雾而造成危险的材料制成。

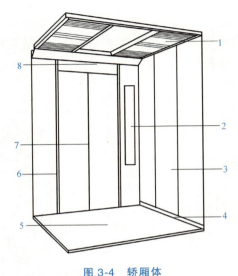

图 3-4 轿厢体

1—轿顶 2—轿厢内操纵屏 3—侧壁 4—轿围
5—地板 6—前壁 7—轿门 8—门灯横梁

1. 轿底

轿底（轿厢底）是轿厢支承负载的组件，如图 3-5 所示。它包括地板、轿围等构件。轿围由规定型号及尺寸的槽钢和角钢焊接而成，一般将 2~3 个框架拼装起来构成轿底框架，并在上面铺设 3~4mm 的钢板形成完整的底面。对于载货电梯轿厢，一般只铺焊一层花纹钢板；对于乘客电梯轿厢，常铺焊一层无纹钢板后再铺一层塑料地板或地毯，使其更加美观舒适。

图 3-5 轿底

1—轿围 2—上轿底边框 3—地板 4—木夹板 5—轿门地坎 6—拼板

在轿厢底的前沿应设有轿门地坎及护脚板（挡板），如图 3-6 所示，以防人在层站将脚插入轿厢底部造成挤压，甚至坠入井道。GB 7588—2003《电梯制造与安装安全规范》规定：每一轿厢地坎上均须装设护脚板，其宽度应等于相应层站入口的整个净宽度；护脚板的垂直部分以下应成斜面向下延伸，斜面与水平面的夹角应大于 60°，该斜面在水平面上的投影深度不得小于 20mm；护脚板垂直部分的高度不应小于 0.75m。

对于采用对接操作的电梯（特殊的允许轿厢在层门和轿门打开时运行，以便装卸货物），其护脚板垂直部分的高度应是在轿厢处于最高装卸位置时，延伸到层门地坎线以下不小于 0.10m。而当层门打开时，如果层门的门楣与轿厢之间存在空隙，应在轿厢入口的上部用一块覆盖整个层门宽度的刚性垂直板（轿厢上护板）向上延伸，将其挡住。

2. 轿壁

轿壁（轿厢壁）多采用厚度为 1.2～1.5mm 金属薄板制成，一般采用多块钢材拼接，由螺栓联接成形，如图 3-7 所示。其内部有特殊形状的纵向筋以增强厢壁强度和刚性，并在拼合接缝处加装饰嵌条，既增加美观程度，又可减小两块壁板间因振动而产生的噪声；轿厢内壁板面上通常贴有一层防火塑料或制有图案、花纹的不锈钢薄板；观光电梯则采用高强度玻璃制作轿壁，以增加乘客视野。

为了保证使用安全，轿壁应具有足够的机械强度，GB 7588—2003《电梯制造与安装安全规范》规定：轿厢内任何位置壁板，将 300N 的力均匀分布在 $5cm^2$ 的圆形或方形面积上，沿轿厢内向轿厢外方向垂直作用于轿壁的任何位置上，轿壁应无永久变形，弹性变形不大于 15mm。

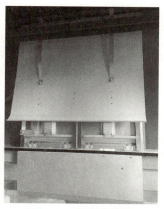

图 3-6　客梯护脚板

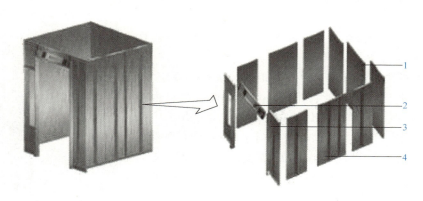

图 3-7　轿壁
1—后壁　2—门灯横梁　3—前壁　4—侧壁

3. 轿顶

除观光电梯外，一般电梯轿顶的结构与轿壁相仿，由厚度为 1.2～1.5mm 的钢板压制成槽形结构拼合而成，轿顶下装有装饰板或吊顶装饰物，在装饰板上装有电风扇和照明灯，如图 3-8 所示。

由于轿顶是电梯安装、维修保养的重要平台，因此要求轿顶有足够的强度，GB 7588—2003《电梯制造与安装安全规范》规定：

1）在轿顶的任何位置上，应能支承两个人的体重，每个人按 0.20m×0.20m 面积上作用 1000N 的力，轿顶应无永久变形。

2）轿顶应有一块不小于 $0.12m^2$ 的站人用的净面积，其短边不应小于 0.25m。

轿顶上常安装下列装置。

（1）轿顶检修装置

为保证检修人员进行检修运行，在轿顶设置有检修箱，其内包含检修/运行（自动）开关、急停开关、门机开关、照明开关和供检修用的电源插座，如图 3-9 所示。

图 3-8　轿顶

（2）轿顶护栏

离轿顶外侧边缘水平方向上有超过 0.30m 的自由距离时，应装设护栏以防止维修人员不慎坠落井道；护栏应由扶手、0.10m 高的护脚板和位于护栏高度一半处的中间栏杆组成，如图 3-10 所示。

考虑到护栏扶手外缘水平的自由距离，扶手高度应为：当自由距离不大于 0.85m 时，不应小于 0.70m；当自由距离大于 0.85m 时，不应小于 1.10m。扶手外缘和井道中的任何部件（对重、开关、导轨、支架等）之间的水平距离不应小于 0.10m。护栏应装设在距轿顶边缘最大距离为 0.15m 之内，入口应保证人员安全和易于通过，应有关于俯伏或斜靠护栏危险的警示符号或文字警告，并固定在护栏的适当位置。

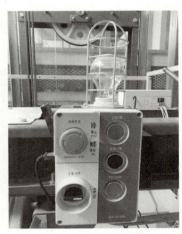

图 3-9　轿顶检修箱

图 3-10　轿顶护栏

4. 轿厢的其他装置

（1）照明装置

轿厢应设置永久性的电气照明装置（见图 3-11a），GB 7588—2003《电梯制造与安装安全规范》规定：控制装置和轿厢地板上的照度均不小于 50lx。

如果照明是白炽灯，至少要有两只并联的灯泡。另外，应有自动再充电的应急电源，如图 3-12a 所示，在正常电源中断时，应能自动接通应急电源。应急电源应至少供 1W 灯泡用电 1h，且能保证轿厢内有一定的照明度。

（2）通风装置

无孔门轿厢应在其上部及下部设通风孔，如图 3-11a 所示。GB 7588—2003《电梯制造与安装安全规范》规定：位于轿厢上部及下部通风孔的有效面积均不应小于轿厢有效面积的 1%，轿门四周的间隙在计算通风孔面积时可以考虑进去，但不得大于所要求的有效面积的 50%，且要求用一根直径为 10mm 的坚硬直棒，不可能从轿厢内经通风孔穿过轿壁。

通风装置一般安装在轿顶上，如图 3-11b 所示。

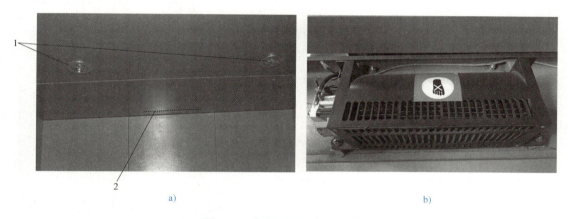

a)　　　　　　　　　　　　　　　　　　　b)

图 3-11　轿厢照明和通风装置
a）轿厢照明和通风孔　b）轿顶通风装置
1—照明灯　2—通风孔

（3）应急装置

轿厢内装有应急报警装置，在电梯发生故障时，轿厢内乘客可以用该装置向外界发出求援信号；轿厢内还应设有应急电源，正常照明电源一旦失效，应急照明灯自动点亮；应急电源是在电梯失去外部供电的情况下，为轿厢的应急照明灯、应急报警装置、对讲电话装置等提供电源。电梯应急电源可自动充电。应急电源与报警装置如图 3-12 所示。

（4）轿厢安全门

安全门通常分为井道安全门与轿厢安全门，井道安全门详见"项目 4"，这里仅介绍轿厢安全门（见图 3-13）。GB 7588—2003《电梯制造与安装安全规范》规定，当相邻轿厢之间的水平距离不大于 0.75m，且相邻的轿厢均设置了安全门时，可使用轿厢安全门。此时相邻层门地坎的距离允许超过 11m。当相邻电梯的其中一台发生故障短时间无法移动时（如安全钳动作，轿厢无法移动），将相邻电梯检修运行至与故障电梯相同的位置，利用轿厢安全门解救被困人员。但是从轿厢安全门实施救援的危险系数要高于移动轿厢到层门处进行救援的危险系数，所以如果轿厢能够移动的话，还是应当选择通过紧急操作将轿厢移至就近的层门实行救援。

为了保证单人能够顺利通过，轿厢安全门高度不应小于 1.8m，宽度不应小于 0.35m。

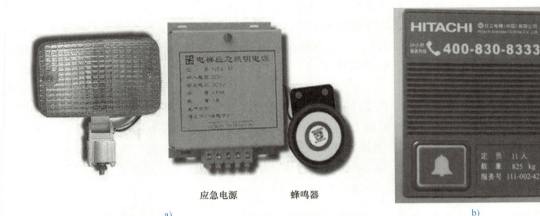

应急电源　　　蜂鸣器

a)　　　　　　　　　　　　　　　　　　　　　b)

图 3-12　应急电源和报警装置

a）应急电源和蜂鸣器　b）应急报警装置

而作为轿壁的一部分，轿厢安全门应具有和轿壁一样的机械强度，不得使用易燃或可能产生有害或大量气体和烟雾而造成危险的材料制成。

　　轿厢安全门不应向轿厢外开启，以确保开启的轿厢安全门不会在轿厢意外运行时与井道内的部件发生碰擦而产生危险。为了保证轿厢安全门不会意外开启，应当设置手动上锁装置。为了方便救援，轿厢安全门应能不用钥匙从轿厢外开启，并能用规定的三角钥匙从轿厢内开启。考虑到电梯意外运行时，对重或者井道内固定障碍物会带来危险，轿厢安全门不应设置在对重运行的路径上，或设置在妨碍乘客从一个轿厢通往另一个轿厢的固定障碍物（分隔轿厢的横梁除外）的前面。

图 3-13　轿厢安全门

　　轿厢安全门的锁紧状态也应当通过一个电气安全装置来验证。如果锁紧失效，该装置应使电梯停止。只有在重新锁紧后，电梯才有可能恢复运行。

（5）轿厢防振消声装置

GB/T 10058—2009《电梯技术条件》中规定，电梯的各机构和电气设备在工作时不应有异常振动或撞击声响。乘客电梯的噪声值应符合表 3-1 规定。

表 3-1　乘客电梯的噪声值　　　　　　　　　　单位：dB（A）

额定速度 $v/(m/s)$	$v \leqslant 2.5$	$2.5 < v \leqslant 6.0$
额定速度运行时机房内平均噪声值	≤80	≤85
运行中轿厢内最大噪声值	≤55	≤60
开关门过程最大噪声值	≤65	

　　注：无机房电梯的"机房内平均噪声值"是指距离曳引机 1m 处所测的平均噪声值

对于 2.5~6.0m/s 的超高速电梯，一般会在轿厢的相关位置装有减振消声装置，如图 3-14 所示。电梯传统的减振方式是用数个单一的弹簧减振器或橡胶垫进行消极减振，这种减振方式的缺点是减振频率单一，减振自由度低。而电梯的振动是宽频带多自由度的振动，因此国家环保重点推广的"电梯专用静音器"可从根本上解决电梯运转时的振动和低频噪声污染，对于速度在 2m/s 以上的高速电梯，轿厢内的噪声能降低 2~3dB（A）。

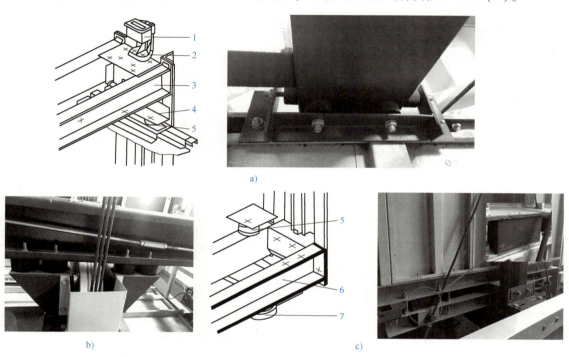

图 3-14 减振消声装置

a）轿厢架立柱与轿顶间的减振消声装置 b）反绳轮防振橡胶 c）轿厢架下梁与轿底间的减振消声装置

1—润滑装置 2—导靴 3—上梁 4—轿顶压板 5—防振橡胶

6—下梁 7—缓冲器

 **工作步骤**

步骤一：观察电梯轿厢的结构

学生以 3~5 人为一组，在教师的指导下到实训现场观察 YL-777 型或 YL-772 型实训装置的轿厢结构，并记录于表 3-2 中（也可自行设计记录表格）。

表 3-2 电梯轿厢观察记录

轿厢结构	基本组成	作 用
轿厢架		
轿壁		
轿顶		
轿底		

步骤二：制作轿厢模型

学生分组，在教师的指导下，根据轿厢结构，用纸板缩小比例做轿厢的简易模型。

步骤三（选做内容）：记录轿厢尺寸

记录轿厢内尺寸，填写并计算面积，检测是否符合国家标准。

电梯型号：＿＿＿＿＿＿＿＿＿

轿厢净宽 AA ＝ ＿＿＿＿＿＿＿

轿厢净深 BB ＝ ＿＿＿＿＿＿＿

计算轿厢面积＝ ＿＿＿＿＿＿＿

额定载重量＝ ＿＿＿＿＿＿＿

国标规定轿厢最大有效面积＝ ＿＿＿＿＿＿

检测是否合格 ＿＿＿＿＿＿＿

步骤四：分组讨论

学生分组讨论：

1）根据观察轿厢的结果与记录，每人口述轿厢的基本结构与各主要部件的作用。

2）交流轿厢模型的制作心得。

3）进行小组互评（叙述情况与轿厢模型的制作质量），并作记录。

学习任务 3.2　超载装置

基础知识

一、超载装置概述

目前的乘客电梯大都取消了专职电梯司机，由乘客自己操纵，所以电梯的乘员数量较难控制；对于载货电梯，货物的重量往往难以准确估计。轿厢里的乘客（或货物）所达到的载重量如果超过电梯的额定载重量，就可能影响电梯运行的安全，甚至造成事故。为了保证电梯的安全运行，电梯专门设有超载装置，当电梯超载时，超载装置动作，发出控制信号使电梯保持开门状态不能起动运行，同时发出警告信号来提示乘客需要减少载重量。

二、超载装置的主要功能

超载装置的主要功能就是当轿厢超过额定载重量时，能发出警告信号并使轿厢不能运行。当轿厢的载重量达到额定负载的 110% 时发生动作，切断电梯控制电路，使电梯不能起动。对于集选电梯，当载重量达到额定负载的 80%～90% 时，即接通直驶电路，运行中的电梯不再应答轿外的截行信号，只响应轿厢内选层指令。

超载装置的分类见表 3-3。

表 3-3　轿厢超载装置的分类

类　别	样　式		说　明
按安装位置分类	轿底称量式	活动轿厢式	超载装置装于轿厢底部，整个轿厢为浮动的
		活动轿底式	超载装置装于轿厢底部，只有轿底部分为浮动的
	轿顶称量式		超载装置装于轿厢上梁
	机房称量式		超载装置装于机房
按工作原理分类	机械式		称量装置为机械式结构
	橡胶块式		称量装置以橡胶块为称量元件
	电磁式		称量装置为电磁式结构
	负重传感器式		负重式传感器为称量元件

三、各种类型的超载装置

1. 轿底称量式

轿底称量式超载装置安装在轿厢底部，可分为活动轿厢式和活动轿底式两种。

（1）活动轿厢式

这种形式的超载装置采用橡胶块作为称量组件，将这些橡胶块均布固定在轿底框与轿厢体之间，整个轿厢体支承在橡胶块上，橡胶块的压缩量直接反映轿厢的重量，如图 3-15 所示。

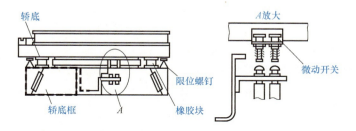

图 3-15　橡胶块式活动轿厢超载装置

当轿厢超载时，轿底受到载重的压力向下运动使橡胶块变形，触发轿底框中间的两个微动开关，切断电梯相应的控制元件。这两个微动开关，一个在电梯达到 80% 额定载重量时动作，确认为满载运行，切断电梯外呼电路，只响应轿厢内的选层指令，直驶到达所选层站；另一个在 110% 额定载重量起作用，确认为超载，切断电梯控制电路，与此同时，使正在关门的电梯停止关门，保持开启状态，并给出警告信号。直到载重量减至 110% 额定载重量以下，轿底回升不再超载，控制电路重新接通，电梯重新关门起动。

对超载量的控制范围，可通过调节安装在轿底的微动开关的螺钉高度来实现。超载称量装置必须动作可靠。

（2）活动轿底式

轿厢活动地板装在轿底，与四周轿壁的间距均为 5mm。当轿厢满载，使活动地板下陷约3mm时，装在活动地板下的杠杆将同时向下动作，经触点将直驶限位开关接通，此时电梯按轿厢内选层指令停靠层站。

当轿厢内的载重量达到额定载重量的110%时，则切断第二个限位开关，使电梯控制电路断电，电梯不能起动运行。

轿底称量式超载装置结构简单、动作灵敏，价格低，因此应用非常广泛，橡胶块既是称量组件，又是减振组件，大大简化了轿底结构，且安全可靠，调节和维护都比较容易。

2. 轿顶称量式

轿顶称量式超载装置安装在轿厢上梁，以压缩弹簧组作为称量组件，在轿厢架上梁的绳头组合处设置超载装置的杠杆，负载变化时，机械杠杆会上下摆动，当轿厢超载时，杠杆头部碰压微动开关触点，切断电梯控制电路，如图3-16所示。

轿顶称量式超载装置也可以装在机房上面的绳头组合处。不过轿厢架要设有反绳轮，此时的超载装置要用金属框架倒向（即绳头朝下）架起。其原理与在轿厢架上的相同。

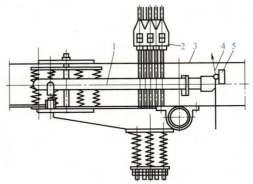

图3-16　轿顶称量装置
1—超载装置　2—绳头组合　3—轿厢架上梁
4—动作方向　5—限位开关

3. 机房称量式

根据设计要求可将超载装置移至机房之中。此时电梯的曳引钢丝绳绕比即曳引比应为2∶1，其结构与原理和轿顶称量式超载装置类似。由于安装在机房之中，因而具有调节、维护方便的优点。

 工作步骤

步骤一：观察电梯轿厢超载装置

学生以3~5人为一组，观察由实训室提供的各种轿厢超载装置，了解其基本结构与原理，并记录于表3-4中。

表3-4　电梯轿厢超载装置观察记录

类　型	基 本 组 成	作　用
1		
2		
3		
4		
5		

步骤二：分组讨论

学生分组讨论：

1）根据观察的结果与记录，每个人口述轿厢超载装置的基本结构与各主要部件的作用。

2）进行小组互评（叙述和记录的情况），并作记录。

 **评价反馈**

（一）自我评价（40分）

由学生根据学习任务完成情况进行自我评价，将评分值记录于表3-5中。

表3-5　自我评价

学习任务	项目内容	配分	评分标准	扣分	得分
学习任务 3.1、3.2	1. 学习时的纪律和学习态度	30	根据工作时的纪律和学习态度给分		
	2. 表3-2、表3-4的记录	30	根据工作步骤的结果记录是否正确和详细程度给分		
	3. 模型制作水平	40	评价自己制作的模型的质量		
			自我评分＝（1~3项总分）×40%		

签名：_____　_____年__月__日

（二）小组评价（30分）

由同一实训小组的同学结合自评的情况进行互评，将评分值记录于表3-6中。

表3-6　小组评价

项目内容	配分	评分
1. 实训记录与自我评价情况	20	
2. 轿厢模型的制作质量	30	
3. 口述轿厢和超载装置的基本结构与各主要部件的作用	30	
4. 相互帮助与协作能力	10	
5. 安全、质量意识与责任心	10	
小组评分＝（1~5项总分）×30%		

参加评价人员签名：_____　_____年__月__日

（三）教师评价（30分）

由指导教师结合自评与互评的结果进行综合评价，并将评价意见与评分值记录于表3-7中。

表3-7　教师评价

教师总体评价意见：

教师评分（30分）	
总评分＝自我评分+小组评分+教师评分	

教师签名：_____　_____年__月__日

阅读材料

阅读材料　各类电梯的轿厢

由于各类电梯的用途不同，因此其轿厢结构也不同。

1. 客梯轿厢（见图3-17）

图 3-17　客梯轿厢

客梯的轿厢一般宽大于深（宽、深比为10：7或10：8），以方便乘坐和乘客出入，也提高了轿厢空间的利用率。为了给乘客营造一个舒适的乘梯环境，客梯一般都有内部装饰。为了方便人员进出轿厢，轿厢入口的净高度和轿厢高度至少为2m。

高级客梯轿厢的轿顶、轿底与轿厢架之间不用螺栓固定。在轿顶上通过四个滚轮限制轿厢在水平方向上作前后左右摆动。轿底是一个用槽钢和角钢焊成的轿底框，轿底框通过螺栓与轿厢架的立梁联接。框的四角各设置一块40～50mm，面积为 $200 \times 200 mm^2$ 左右的弹性橡胶，轿厢体就放在这四块弹性橡胶上。由于弹性橡胶的作用，轿厢能随着载荷的变化而上下移动。在轿底装设一套机械和电气检测系统，把载荷的变化转变为电信号送到电气控制系统，就可避免电梯在超载下运行。

2. 货梯轿厢（见图3-18）

货梯轿厢一般深度大于宽度，面积大于客梯轿厢。为了便于装卸货物，很多货梯轿厢采用贯通门。由于货梯轿厢要承受较大载荷，因此要求轿厢架及轿底框采用高强度的刚性结构，轿底也采用较厚的花纹钢板，并直接铺设在轿底框上，以保证轿厢载重不变形。

3. 病床电梯轿厢（见图3-19）

病床电梯轿厢由于需要运载病床和医疗器具，因此轿厢窄而深。轿顶上的照明一般为间接照明式，以适应病人仰卧。

4. 观光梯轿厢（见图3-20）

观光梯的轿厢外形常做成菱形或圆形，其轿壁用强化玻璃做成，玻璃下端离地0.5m左右，并在离地1m处设置护栏。轿厢内装饰豪华。

图 3-18　货梯轿厢

图 3-19　病床电梯轿厢

图 3-20　观光梯轿厢

5. 杂物电梯轿厢（见图3-21）

杂物电梯轿厢不能乘人，由门外按钮控制，只是运载一些体积较小的杂物，如轻便的图书、文件、食品等，因此轿底面积较小，高度小于1.2m，深度小于1.0m，宽度小于1.4m，额定载重量小于500kg，运行速度小于1m/s。

图 3-21 杂物电梯轿厢

6. 汽车电梯轿厢（见图3-22）

汽车电梯轿厢的运载对象是汽车，轿厢的有效面积较大。由于轿厢深度大，轿底设双拉杆。

图 3-22 汽车电梯轿厢

 项目小结

本项目介绍了电梯轿厢的结构，电梯轿厢包括轿厢架和轿厢体，详细介绍了轿厢体的轿壁、轿顶、轿底。为了安全需要，在轿厢上还安装有超载装置，分为轿底称量式、轿顶称量式及机房称量式等。轿门和层门将在下一个项目中介绍。

思考与练习题

3-1   填空题

1. 电梯轿厢通常由＿＿＿＿＿＿和＿＿＿＿＿＿两部分组成。其中轿厢由＿＿＿＿＿＿＿＿、＿＿＿＿＿＿＿＿、＿＿＿＿＿＿＿和＿＿＿＿＿构成。

2. 轿厢体不得使用＿＿＿＿＿＿＿＿＿＿＿＿＿＿＿＿＿＿＿＿＿＿＿＿＿＿材料制成。

3. 轿厢架的结构可分为＿＿＿＿＿型和＿＿＿＿＿型两种。

4. 在轿顶上通常安装有以下装置：＿＿＿＿＿＿＿＿、＿＿＿＿＿＿＿＿、＿＿＿＿＿＿＿、＿＿＿＿＿＿＿及＿＿＿＿＿＿＿等。

5. 超载装置按安装的位置可分为＿＿＿＿＿＿＿、＿＿＿＿＿＿＿＿＿＿及＿＿＿＿＿＿＿＿等。

6. 超载装置按其结构与原理可分为＿＿＿＿＿＿＿式、＿＿＿＿＿＿＿式、＿＿＿＿＿式和＿＿＿＿＿＿＿＿＿＿式等。

3-2   选择题

1. 在轿顶的任何位置上，应能承受（　　　）个带有一般常用工具的安装或维修人员的重量而不发生永久变形。

A. 1个　　　　　　　B. 2个　　　　　　　C. 3个　　　　　　　D. 4个

2. 轿厢超载的定义是（　　　）。

A. 超过额定载重量的 5%且至少为 50kg　　　B. 超过额定载重量的 10%且至少为 75kg

C. 超过额定载重量的 15%且至少为 100kg　　D. 超过额定载重量的 20%且至少为 150kg

3. 当轿厢内的载重量达到额定载重量的 80%～90%时，（　　　）应动作。

A. 限位开关　　　　B. 超载开关　　　　C. 满载开关　　　　D. 减速开关

4. 电梯的轿厢装有超载装置，以下说法错误的是（　　　）。

A. 超载装置可装在轿顶　　　　　　　　B. 超载装置可装在轿底

C. 超载装置可装在底坑　　　　　　　　D. 超载装置可装在机房

5. 具有满载直驶功能的电梯，当满载开关动作后，（　　　）。

A. 电梯不再响应轿厢内选层指令

B. 电梯只响应外呼信号

C. 电梯不关门，发出超载警告信号

D. 电梯不再响应外呼信号，只响应轿厢内选层指令

6. 当超载开关动作后，（　　　）。

A. 电梯不再响应轿厢内选层指令　　　　B. 电梯只响应外呼信号

C. 电梯不关门，发出超载警告信号　　　D. 电梯不再响应外呼信号，只响应轿厢内选层指令

7. 当电梯达到（　　　）负载时，超载装置确认为满载；当电梯达到（　　　）负载时，超载装置确认为超载。

A. 80%　　　　　　　B. 80%　　　　　　　C. 100%　　　　　　　D. 110%

8. 对重、轿厢分别悬挂在曳引绳两端，对重起到平衡（　　　）重量的作用。

A. 钢丝绳　　　　　B. 轿厢　　　　　C. 电梯　　　　　D. 电缆

9. 电梯的超载装置动作时，下列（　　　）叙述是不正确的。

A. 超载灯亮　　　　　　　　　　B. 超载警铃响

C. 保持开门状态　　　　　　　　D. 按关门按钮可以关门

10. 电梯的轿厢装有超载装置，以下说法正确的是（　　　）。

A. 当轿厢内的载重量达到额定载重量的 60%～70% 时，满载开关应动作

B. 当轿厢内的载重量达到额定载重量的 80%～90% 时，满载开关应动作

C. 当轿厢内的载重量达到额定载重量的 100% 时，满载开关应动作

D. 当轿厢内的载重量达到额定载重量的 110% 时，满载开关应动作

11. 电梯的轿厢装有超载装置，以下说法正确的是（　　　）。

A. 当轿厢内的载重量达到额定载重量的 100% 时，超载开关应动作

B. 当轿厢内的载重量达到额定载重量的 110% 时，超载开关应动作

C. 当轿厢内的载重量达到额定载重量的 110% 且至少为 75kg 时，超载开关应动作

D. 当轿厢内的载重量达到额定载重量的 120% 且至少为 100kg 时，超载开关应动作

12. 为了（　　　），轿厢地坎下装设的护脚板的垂直部分应大于 0.75m。

A. 防止有人破坏电梯

B. 防止在非正常停车时，人员从层门处坠落井道

C. 防止维修人员被挤压

D. 防止人员脚被剪切

13. 杂物电梯轿厢高度应不大于（　　　）m。

A. 1.2　　　　　B. 1.4　　　　　C. 1.6　　　　　D. 1.8

14. 杂物电梯轿厢深度应不大于（　　　）m。

A. 1.2　　　　　B. 1.0　　　　　C. 1.6　　　　　D. 1.8

15. 轿厢应安装有自动再充电的应急电源，在正常照明的电源被中断的情况下，它能至少供 1W 灯泡用电（　　　）。

A. 30min　　　　　B. 40min　　　　　C. 1h　　　　　D. 2h

16. 载货电梯轿厢面积（　　　）。

A. 允许超 5%　　　B. 不允许超标　　　C. 允许超 8%　　　D. 允许超 3%

17. 轿顶可以不设置的是（　　　）

A. 至少能支撑两个人　　　　　　B. 安全窗

C. 停止开关　　　　　　　　　　D. 检修开关

18. 应急电源说法不正确的是（　　　）。

A. 至少供 1W 灯泡用电 1h　　　　B. 正常电源故障时，应自动接通应急电源

C. 切断主电源紧急照明自动接通　　D. 应能供给紧急报警装置报警

19. 国家标准《电梯制造与安装安全规范》标准号是（　　　）

A. GB 7588　　　B. GB 10060　　　C. GB/T 10058　　　D. GB/T 10059

20. 轿厢护脚板垂直部分的高度不小于（　　　）m。

A. 0.5　　　　　B. 0.6　　　　　C. 0.75　　　　　D. 0.95

21. 轿顶护栏扶手外缘和井道中的任何部件（对重、开关、导轨、支架等）之间的水平距离不应小于（　　）m。

A. 0.15　　　　B. 0.20　　　　C. 0.30　　　　D. 0.10

22. 轿顶护栏应装设在距轿顶边缘最大距离为（　　）m 之内。

A. 0.15　　　　B. 0.20　　　　C. 0.30　　　　D. 0.10

3-3　判断题

1. 对角型轿厢架适用于重载电梯的轿厢。（　　）

2. 电梯超载时，超载装置动作发出控制信号，使电梯保持关门状态并停止运行。（　　）

3. 目前的电梯一般已不再设置轿顶安全窗。（　　）

4. 观光梯的玻璃轿壁采用双层钢化玻璃。（　　）

5. 轿顶外缘与井道壁的水平距离超过 0.3m 时，在轿顶应设护栏。（　　）

6. 电梯轿厢内部净高度至少为 2.1m。（　　）

7. 轿厢在正常照明电源发生故障的情况下，应自动接通轿厢应急电源。（　　）

8. 超载装置是当轿厢超过额定载重量时，能发出警告信号并使轿厢不能运行的安全装置。（　　）

9. 高速电梯一般会在轿厢的相关位置装有防振消声装置。（　　）

3-4　学习记录与分析

1. 分析表 3-2 中记录的内容，总结电梯轿厢的基本结构与主要部件的功能。

2. 分析表 3-4 中记录的内容，总结各类轿厢超载装置的基本结构与主要部件的功能。

3-5　试叙述对本任务的认识、收获与体会。

项目4　电梯的门系统

项目分析

　　本项目的主要内容是全面认识电梯的门系统，了解电梯门系统的基本结构和分类，掌握电梯门系统相关机构的工作原理。

建议学时

建议完成本项目用时 8~10 学时。

学习目标

应知

（1）认识电梯门系统的基本结构。

（2）理解电梯门系统相关机构的工作原理及国家标准。

应会

（1）认识电梯门系统中各个机构的部件，并了解其作用。

（2）初步学会对电梯门系统各机构的测量。

学习任务 4.1　门系统

基础知识

一、电梯门系统概述

门系统的分类、
组成和作用

1. 电梯门系统的组成

　　电梯门系统主要包括轿门（轿厢门）、层门（厅门）与开关门系统及其附属的零部件。根据需要，井道在每层楼设 1~2 个出入口，层门数与层站出入口相对应。轿门与轿厢随动，是主动门，层门是被动门。层门设在层站的出入口处，层门上装有电气、机械联锁的自动门锁装置，只有在轿门和所有层门完全关闭时电梯才能运行。

2. 电梯门的作用

　　电梯门起封闭和隔离的作用；电梯运行时，将人和货物与井道隔离，防止人和货物与井道碰撞甚至坠入井道。只有当轿门和所有的层门都完全关闭时，电梯才能运行。因此，在层门上装有机—电联锁功能的自动门锁，平时层门全部关闭，在外面不能打开；只有当轿门开启时，才能带动相关的层门开启；如果要从门外打开层门，则必须使用专用的锁匙，同时，断开电气控制回路使电梯不能起动运行（检修状态除外）。据统计，电梯发生的人身伤亡事故中 70% 是在开门区域引起的，所以门系统是电梯的主要部件和重要的安全保护装置。

二、电梯门的类型

电梯门按照结构型式可分为中分式、旁开式和闸式三种（见图 4-1），且层门必须与轿门为同一类型。

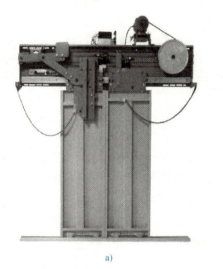

a)　　　　　　　　　　　　　b)　　　　　　　　　　　　　c)

图 4-1　电梯门的类型

a）中分式　b）旁开式　c）闸式

1. 中分式门

门由中间向左右分开，开关门时左右两扇的速度相同的电梯门为中分式门。按门扇的数量有两扇式和四扇式两种。两扇式如图 4-1a 和图 4-2a 所示，适用于门宽为 0.8～1.1m 的电梯；四扇式如图 4-2b 所示，适用于门宽为 1.2～2.6m 的电梯。

中分式门的开关门速度较快，一般适用于客梯。

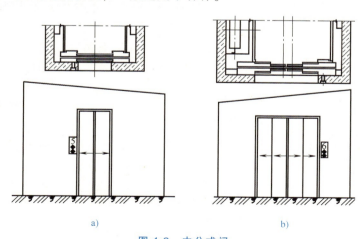

a)　　　　　　　　　　　　　　　　　b)

图 4-2　中分式门

a）两扇式　b）四扇式

2. 旁开式门

门由一侧向另一侧开或关的电梯门为旁开式门。按门扇的数量，常见的有单扇、两扇（即双折）和三扇（三折）式。按开门方向，以人在轿厢外面对轿门，门向右开的称为右旁开（见图4-3），门向左开的为左旁开。双折式门如图4-1b和图4-3a所示，适用于门宽为0.8~1.6m的电梯。两个门扇在开、关门时行程不同，但动作的时间须相同，因此分为快、慢门。三折式门如图4-3b所示，适用于门宽为2.0m以上的电梯。同理，三个门扇也有三种速度。

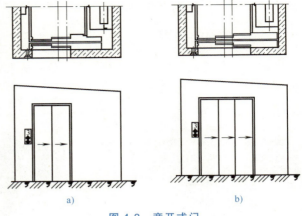

图 4-3 旁开式门
a) 向右开双折式 b) 向右开三折式

旁开式门的门口开得较大，一般适用于货梯，以便于运货车辆进出和装卸货物，如图4-4所示。

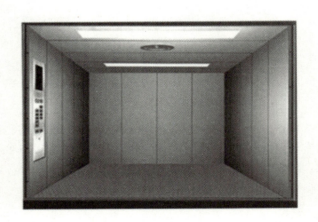

图 4-4 旁开式货梯门

3. 闸式门

闸式门由下向上推开，如图4-1c和图4-5所示。闸式门一般为手动门，适用于门宽为0.6~1.0m的电梯。

三、电梯门的结构

电梯（中分式的）轿门和层门分别如图4-6a、b所示（图4-6c为侧视图）。由图4-6可见，电梯的门系统一般由门扇、门滑块、门上坎装置、门地坎、门挂板、上坎护板、地坎护板、自动门锁装置与轿门闭合装置、门刀、层门安全装置和轿门安全保护装置组成。

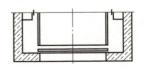

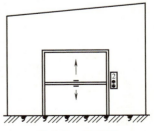

图 4-5 闸式门

1. 门扇

电梯的门扇分为封闭式和交栅式。全封闭式门扇一般用 1~1.5mm 厚的薄钢板制成，为了使门具有一定的机械强度和刚性，在门的背面配有加强筋。为了减小门在运动中产生的噪声，门板背面涂贴防振材料。

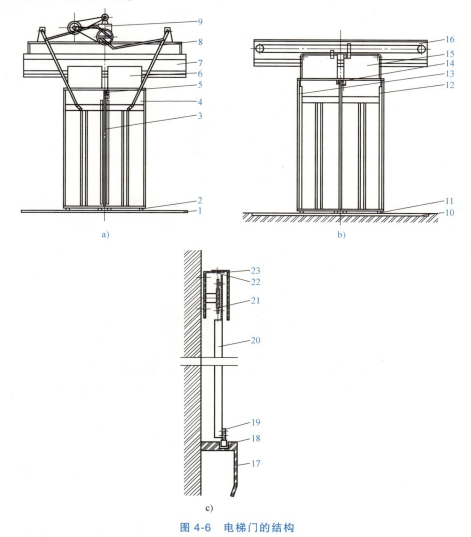

图 4-6　电梯门的结构

a）轿门　b）层门　c）侧视图

1、18—轿门地坎　2、11、19—门滑块　3—安全触板　4、20—轿门门扇　5—门刀　6、15、21—门挂板
7、16—门上坎　8—开门机构　9—自动开门机　10—层门地坎　12—层门门扇　13—门自闭装置
14—自动门锁装置　17—地坎护板　22—轿门上坎装置　23—轿门上坎护板

2. 门滑块

门滑块固定在门扇的下端，被限制在地坎槽内，使门扇始终保持在铅垂状态。门滑块由金属板外包耐磨材料制作而成。

3. 门上坎装置

门上坎装置有轿门和层门之分，有单导轨、双导轨和三导轨之分，有开门宽度不同的区别等。门上坎装置主要由门导轨、门传动组件等组成。

4. 门地坎

门地坎设有槽，供门滑块在槽内滑动，对门的运动起导向作用，如图4-7所示。乘客电梯的门地坎一般用铝合金制作，载货电梯的门地坎一般用铸铁加工或钢板压制而成。轿门地坎固定在轿底上，层门地坎固定在井道牛腿上，要求有足够的承载能力。

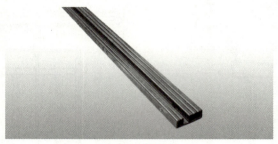

图4-7　门地坎

5. 门挂板

门挂板有轿门挂板和层门挂板之分。门挂板主要由挂板、门挂轮和偏心挡轮组成，如图4-8所示。门刀安装在轿门挂板上，自动门锁安装在层门挂板上。

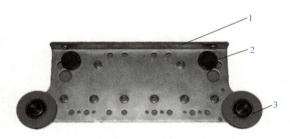

图4-8　门挂板

1—挂板　2—偏心挡轮　3—门挂轮

6. 上坎护板、地坎护板

上坎护板和地坎护板起安全防护作用。

7. 自动门锁装置与轿门闭合装置

在电梯事故中，乘员被运动的轿厢剪切或坠入井道的事故所占的比例较大，防止此类事故的保护装置主要有自动门锁装置与轿门闭合装置。

（1）自动门锁装置

自动门锁装置主要有上钩式、下钩式和复钩式，上钩式门锁的结构如图4-9所示。

上钩式门锁在机械锁闭状态时可能会因某一机械部件失效，造成锁臂因自重原因而脱开锁钩，使层门开启。为此，设计了闭合时自重力向下锁紧的下钩式及复钩式门锁装置，如图4-10和图4-11所示。

（2）轿门闭合装置

轿门闭合装置的作用是：保证在轿门关闭到位后电梯才能正常起动运行，避免电梯轿门在开启状态下运行，导致轿内乘客与井道或层门发生碰撞。该装置的结构因电梯的种类和型

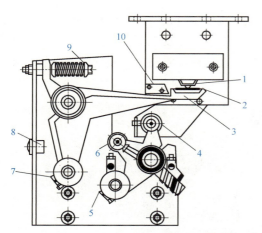

图 4-9　上钩式门锁

1—门锁电气触点　2—门锁导电片　3—锁钩与锁杆　4—夹紧碰轮　5、7—滚轮

6—脱离碰轮　8—限位挡块　9—复位机件　10—门锁及支架

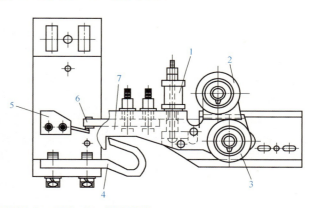

图 4-10　自重力向下锁紧式（下钩式）门锁装置

1—置位机件　2、3—滚轮　4—门锁及支架　5—门锁电气触点

6—门锁导电片　7—锁钩与锁杆

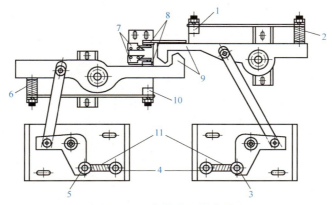

图 4-11　复钩式门锁装置

1、10—限位挡块　2、6、11—复位机件　3、4、5—滚轮　7—门锁电气触点

8—门锁导电片　9—锁钩与锁杆

号不同而异，其原理都是通过装在轿门架上的机械装置和装在轿门上的行程开关实现。当轿门闭合到位时，行程开关接通电梯控制电路，反之则断开控制电路。该闭合装置可以装在主动门的门扇上，这个门扇必须用直接机械连接的形式连接被驱动门。轿门闭合装置可分为轿门门锁装置与轿门开门限制装置，其结构如图 4-12 所示。

a)   b)

图 4-12　轿门闭合装置

a）轿门门锁装置　b）轿门开门限制装置

当电梯井道内表面与轿门地坎、轿门框架或滑动门最近门边缘的水平距离大于 0.15m 时，则需装设轿门门锁装置，其作用是避免电梯发生故障时乘客打开轿门发生危险。通常将轿门门锁集成在电梯同步门刀和异步门刀上，轿门门锁在电梯正常运行时，随着轿门的开启而自动开启。当轿厢停在层门开锁区域内（层门门轮在门刀区域内）时，从轿厢内可以手动打开门锁；当轿厢停在层门开锁区域外（层门门轮在门刀区域外）时，只能在打开对应的层门后，从层站处开启轿门，而不能在轿厢内徒手开启轿门。当轿门关闭后，锁钩会机械地勾住两门扇，使用外力不能打开轿门，与层门开门限制装置相似。

8. 门刀

门刀是与自动门锁配套使用的，如图 4-13 所示。门刀固定在轿门挂板上，工作时夹紧自动门锁的滚轮，使自动门锁的锁钩与挡块脱开，实现由轿门带动层门运行。由于自动门锁的不同，门刀有双门刀和单门刀之分。

9. 层门安全装置

电梯的事故大部分都出在门系统上，其中由于门非正常打开造成的事故最为严重。所以规定在轿门驱动层门的情况下，当轿厢在开门区域以外时，层门无论因何种原因开启，都应有一种装置能确保层门自动关闭。层门的安全装置包括层门自闭装置和紧急开锁装置。

（1）层门自闭装置

层门自闭装置（又称强迫关门装置）安装在层门上。要求轿厢不在本层开门区域时，打开的层门应在层门自闭装置的作用下自行将层门完全关闭。层门自闭装置有压簧式、拉簧式和重锤式，如图 4-14 所示。

图 4-13　轿门门刀

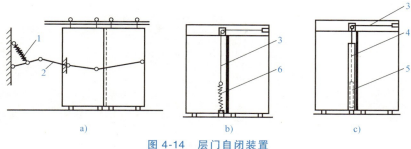

图 4-14　层门自闭装置

a）压簧式　b）拉簧式　c）重锤式

1—压簧　2—连杆　3—钢丝绳　4—导管　5—重锤　6—拉簧

层门自闭装置可以利用压簧、拉簧或重锤的作用，强迫层门闭合。重锤式在关门过程中用力始终相同，而压簧式、拉簧式在门关闭最终位置时的力较弱，所以现在普遍采用重锤式。对于中分式门，将重锤滑道固定在一扇层门上，用钢丝绳一端固定重锤，另一端固定在另一扇层门上。要求重锤有足够的力，足以使层门完全关闭，且不能产生冲击声，如图 4-15 所示。

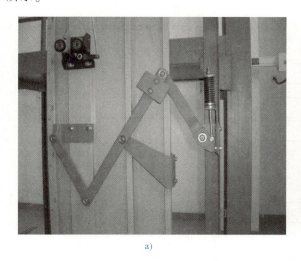

a）　　　　　　　　　　　　　　　　b）

图 4-15　拉簧式和重锤式层门自闭装置

a）拉簧式　b）重锤式

（2）紧急开锁装置

紧急开锁装置如图 4-16 所示。规定每个层门均设有紧急开锁装置。紧急开锁的三角钥匙应由专人负责管理，不得随意开启，开启时应注意安全，按规范操作，防止开锁后因未能有效地重新锁上而引起事故（详见"学习任务 8.2"）。

10. 轿门的安全保护装置

客梯轿门的入口设有安全保护装置，正在关闭的门扇受阻时，门能自动重开，以免在关门过程中夹到人或物。常用的安全保护装置有接触式保护装置（安全触板）和非接触式保护装置（光电式保护装置、超声波监控装置和电磁感应式保护装置等）两类，详见"项目 7"。现在要求比较高的电梯同时安装有两类安全保护装置。

手动三角锁

图 4-16　三角钥匙及门锁装置

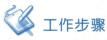 **工作步骤**

参观电梯，根据所观察的门系统补充完成图 4-17。

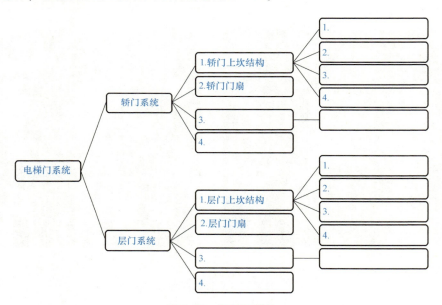

图 4-17　门系统结构

步骤一：观察电梯门系统的各部件

到实训室观察电梯门机构实训设备（如 YL-771 或 YL-2187A 型），主要观察电梯门系统的各个组成部分，将观察结果记录于表 4-1 中。

表 4-1　电梯门系统部件参观记录

电梯门系统的分类	
电梯门系统的组成部件	
电梯门系统的保护装置	
观察电梯门系统运动过程的记录	

步骤二：测量与调试

在教师指导下，分组测量电梯门机构安装与调试实训设备的数据，并由教师指导进行调试。将测量结果记录于表 4-2 中。

表 4-2　电梯门系统测量记录　　　　　　（单位：mm）

项目	测量项目（内容）	测量数据	国标名称	国标数据	偏差、是否需调整
层门数据测量	1. 层门门扇之间及门扇与立柱、门楣之间的间隙				
	2. 层门门扇与门套之间的间隙				
	3. 层门门扇与地坎之间的间隙				
	4. 门锁在电气联锁装置动作前，锁紧元件的最小啮合长度				
	5. 层门限位轮与门导轨下端面之间的间隙				
	6. 水平方向用手拨门，门缝间隙				
门刀数据测量	1. 门刀与层门地坎间隙				
	2. 门刀与层门滚轮的咬合量				
	3. 门刀垂直度在 0.5mm 内，轿门完全关闭时两刀片间距				

 相关链接

电梯门的安全使用要求

1）进入轿厢的井道开口处和轿厢入口处应装设无孔的层门和轿门。电梯门关闭时，在门扇之间或门扇与立柱、门楣与地坎之间的间隙应不超过 6mm。

2）层门和面对轿厢入口处的井道墙，应在轿厢整个入口宽度形成一个无孔表面（电梯门的运转间隙除外）。

3）为了使电梯门在使用过程中不发生变形，电梯门及电梯门框架应采用金属制造。

4）层门和轿门的最小净高度为 2m。净宽度不能超过轿厢宽度任何一侧 0.65m。

5）每个层站进口和轿厢入口处应装设一个具有足够强度的地坎，以承受进入轿厢的载荷正常通过。各层站地坎前面应有稍许坡度，以防止洗刷、洒水时水流入井道。

6）水平滑动门的顶部和底部都应设有导向装置，在运行中应避免脱轨、卡住或在行程终端错位。

7）轿门地坎与层门地坎之间的水平距离应不大于 35mm；轿门与闭合后的层门之间的水平距离，或各门之间在其整个正常操作期间的通行距离，均不得超过 0.12mm。

8）井道内表面与轿门框架立柱或地坎之间的水平距离不得大于 15mm。

9）对于手动开启的层门、轿门，使用人员在开门前，应能知道轿厢的位置，为此应安装透明的窥视窗。

10）层门、轿门应具有的机械强度：当门在锁住位置时，用 300N 的力垂直作用在该门扇的任何一个面的任何位置上且均匀分布在 5cm² 面积上时，应能承受而无永久变形，弹性变形不大于 15mm。经过这种试验后，层门、轿门应能良好动作。

11）层门关闭时，在水平滑动门的开启方向，以 150N 的人力（不用工具）施加在一个最不利的点上时，门扇之间或门扇与立柱、门楣或地坎之间可以超过 6mm，但不得超过 30mm。

12）电梯正常运行时，层门和轿门应不能打开；它们之间如有一个被打开时，电梯应停止运行或不能起动。因此，层门和轿门必须设置电气安全装置（门锁开关）。只有把层门

及轿门有效地锁紧在关门位置，锁紧元件啮合至少为 7mm 时，轿厢才能起动。

13）层门和轿门及其四周的设计应尽可能避免由于夹住人、衣服或其他物体而造成伤害的后果。门的表面不得有超过 3mm 的任何凹进或凸出，边缘应做倒角。

14）在层门或轿门关闭过程中，如果有人穿过门口而被撞击或即将被撞击时，保护装置必须自动使门重新开启。

15）如果电梯由于任何原因停在靠近层站的地方，为允许乘客离开轿厢，在轿厢停住并切断开门机电源的情况下，应能用不大于 300N 的力开启或部分开启轿门；如在开锁区内，层门与轿门联动时，应能从轿厢内用手开启或部分开启轿门及与它相连的层门。

 # 学习任务 4.2　开关门机构

 基础知识

一、电梯的开关门机构

图 4-18、图 4-19 分别为中分式（包括中分双折门）开、关门机构和双折式开、关门机构简图。

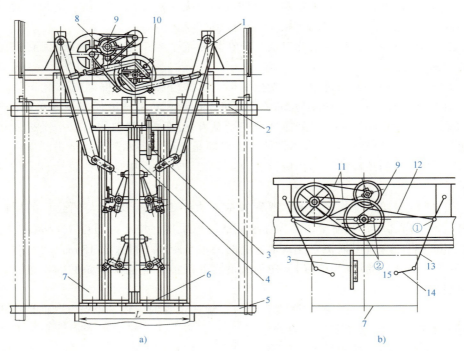

图 4-18　中分式开、关门机构

a）结构简图　b）开、关门动作示意图

1—拨杆　2—吊门导轨　3—门刀　4—安全触板　5—门滑块　6—轿门踏板　7—轿门　8—减速带轮
9—开关门电动机　10—开关门调速开关　11—V 带　12—主动臂　13—从动臂
14—连接板　15—门结点

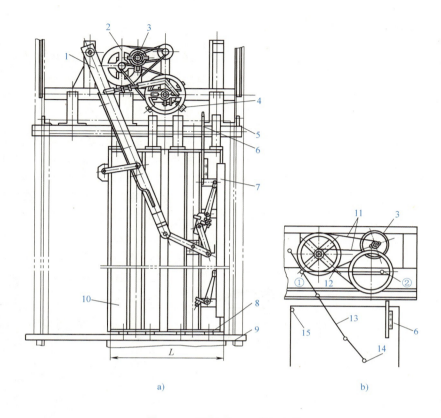

图 4-19　双折式开、关门机构

a）结构简图　b）开、关门动作示意图

1—拨杆　2—减速带轮　3—开关门电动机　4—开关门调速开关　5—吊门导轨　6—门刀

7—安全触板　8—门滑块　9—轿门踏板　10—轿门　11—V 带　12—主动臂　13—从动臂

14—快门结点　15—慢门结点

1）开关门机构设置在轿厢上部特制的钢架上。当电梯需要开门时，开关门电动机通电旋转，通过带轮减速，当最后一级减速带轮转动 180°时，门达到开门的最终位置；当需要关门时，电动机反转，通过带轮减速，当最后一级减速带轮转动 180°时，门达到关门的最终位置。

2）开关门机构的安装要求。对于中分门或中分双折门，当门关闭时，图 4-18b 的中线点①和②的位置应该处在同一水平线上。如果中线点①的位置高于或低于中线点②的位置，门就能够从外部打开，容易发生事故，不符合电梯安全规程要求。

对于双折门也有同样的要求，图 4-19b 的铰点①和②的位置，当层门关闭时也应处在同一水平线上。如果铰点①的位置比铰点②的位置稍高一些也是可以的，但不可以偏低于铰点②的位置，因为这样门就能够从外部撬开。

3）开关门的调速要求。在关门（或开门）的起始阶段和最后阶段都要求速度不要太高，以减少门的抖动和撞击。为此，在门的关闭和开启过程中需要有调速过程，通常是设置微动调速开关控制开关门电动机变速。

二、电梯门机系统

电梯门机系统亦称为"开关门机"，是电梯轿门的开闭装置。电梯门机分为同步门机和异步门机两种。

1. 门机

（1）异步门机（图 4-20）

1）普通异步门机。

当配置摆臂式异步门刀时，摆臂式异步门刀安装在轿门上，可动刀片的凸轮柄与摆臂连接。当轿门动作时，可动刀片的凸轮在摆臂作用下使可动刀片向固定刀片合拢，夹紧层门钩锁的滚轮，打开层门门锁装置，从而带动层门运动；层门运动过程中，门刀始终夹紧滚轮；关门到位后，门刀在摆臂作用下张开，松开滚轮使锁钩锁住层门，此时轿厢可离开层门。

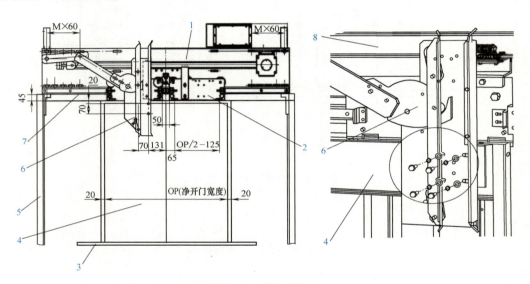

图 4-20　异步门机

1—门机　2—门挂板　3—轿门地坎　4—轿门板　5—立柱　6—摆臂式异步门刀
7—导轨　8—门机门头

2）一体式防扒异步门机（图 4-21）。

一体式防扒异步门机的门刀安装在门机挂板上，其中可动刀片通过连杆和连杆轴固定在门刀底板上，同时可动刀片上装有滚轮组件，轿门动作时，可动刀片和滚轮组件在门刀附件的动作下使可动刀片向固定刀片合拢，夹紧层门锁钩的滚轮，打开层门门锁装置，从而带动层门运动；门运动过程中，门刀始终夹紧滚轮，关门到位后，异步门刀的滚轮组件在门刀附件的作用下张开，松开滚轮使锁钩锁住层门。

防扒门的原理是：一体式防扒异步门机的防扒门刀通过连接臂和轴固定在门刀底板上，同时防扒门刀上装有防扒钩子，关门及平层时，由于防扒门刀和装在层门门头上解锁滚轮组件的作用，防扒门刀上的钩子与防扒附件上的钩子处于脱离状态，门可以被打开。在门打开的过程中，在层门门头上的解锁滚轮组件的作用下，防扒门刀一直随门机挂板水平平移，无垂直方向上的运动。但在关门而非平层状态或离平层位置为±260mm时，当门在外力（人为扒开）作用下被逐渐打开时，防扒门刀在门机挂板的水平平移运动和自身的重力作用下有垂直运动的过程，此时防扒门刀上的钩子与防扒附件上的钩子逐渐啮合，最后当门板被扒开一定距离时（小于100mm），防扒门刀上的钩子与防扒附件上的钩子钩住，使门板无法被扒开。

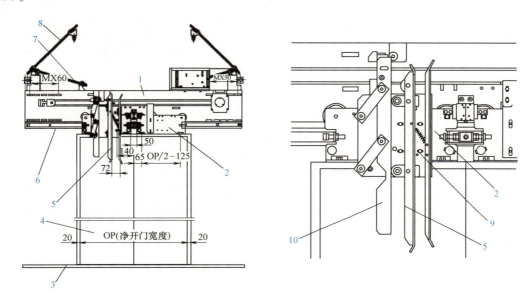

图 4-21　一体式防扒异步门机

1—门机　2—门机挂板　3—轿门地坎　4—轿门板　5—一体式防扒异步门刀　6—导轨
7—加强拉杆　8—拉杆　9—紧固螺栓　10—防扒叶片

（2）同步门机（图4-22）

现以 Jarless-Con 中分永磁变频门机为例介绍。Jarless-Con 以永磁同步电动机为动力，采用同步带传动，通过变频无级调速控制开关门动作。同步带传动带动门挂板运动，轿门与挂板连接，从而控制轿门的开、关动作。同步门刀安装在门机挂板上，当轿门动作时，两扇门刀在同步带的作用下同时夹紧层门门锁滚轮，打开层门门锁装置，从而带动层门运动。层门运动过程中，门刀始终夹紧滚轮，关门到位后，在门刀附件作用下张开，此时轿厢可离开层门。

2. 电梯门的联动机构

为了节省井道空间，电梯门大多是用两扇、三扇或四扇，极少使用单扇门。在电梯门的开关过程中，当采用单门刀时，轿门只能通过门闭合装置直接带动一扇层门，层门门扇之间的运动协调是靠联动机构来实现的。电梯门联动机构可分为中分式层门联动机构和旁开式层门联动机构。

3. 电梯门电动机

电梯的自动开关门机构由机、电两部分构成。机械部分由开关门传动机构、轿门、门刀、层门和门锁构成。电气部分由开关门电动机及其拖动、控制器件组成的拖动控

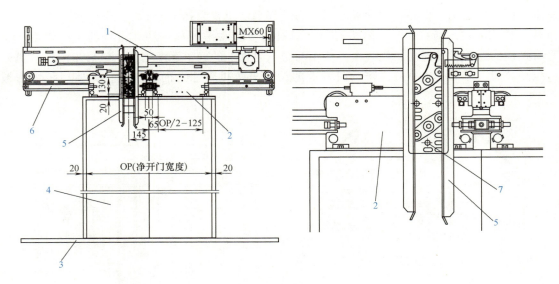

图 4-22　同步门机

1—门机　2—门机挂板　3—轿门地坎　4—轿门板　5—同步门刀
6—导轨　7—紧固螺栓

制电路部分构成。常见自动开关门机构有直流调压调速驱动及连杆传动开关门机构、交流调频调速驱动及同步带传动开关门机构、永磁同步电动机驱动及同步带传动开关门机构三种。

（1）直流调压调速驱动及连杆传动开关门机构

这种开关门机构自 20 世纪 60 年代末至今仍有使用，按开门方式又分为中分式和双折式两种。由于直流电动机调压调速性能好、换向简单方便等，一般通过带轮减速及连杆机构传动实现自动开关门。

（2）交流调频调速驱动及同步带传动开关门机构

交流调频调速驱动及同步带传动开关门机构如图 4-23 所示，其机械部分采用同步带传动取代带轮和连杆传动机构，简化了减速和传动系统的结构环节。其结构主要由变频门机控制系统、交流异步电动机和机械系统三部分组成。电梯变频门机有速度开关控制方式和编码器控制方式两种。速度开关控制方式不能检测轿门的运动方向、位置和速度，只能使用位置和速度开环控制，控制精度相对较差，门机运动过程的平滑性不太好，因此多使用编码器控制方式。

（3）永磁同步电动机驱动及同步带传动开关门机构（图 4-24）

采用永磁同步电动机 VVVF 拖动微机控制、同步带传动的电梯开关门机构采用永磁同步电动机取代交流异步电动机。由于永磁同步电动机具有在低频、低压、低速下输出足够大的转矩，又可以不用减速带开关门系统中的一级带轮减速机构（如图 4-23 中的部件 10），因此开关门系统的中间环节更少、结构更简单、重量更轻、更平稳、可靠性更高、安装调试维修更方便。开关门系统的结构与图 4-23 相似。现在普遍存在三种形式的门电机：永磁同步门机、交流门机和直流门机。永磁同步门机将逐渐取代其他两种电机。

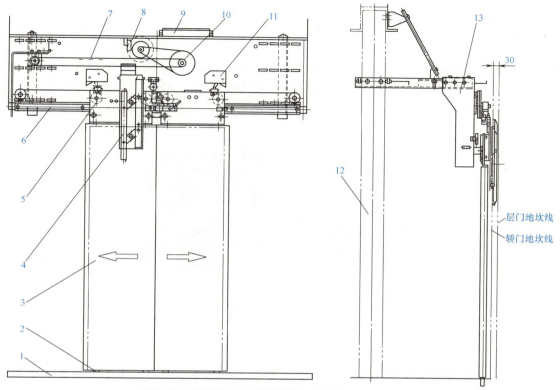

图 4-23　交流调频调速驱动及同步带传动开关门机构

1—轿门地坎　2—轿门滑块　3—轿门扇　4—门刀　5—轿门调速轮　6—吊门导轨　7—同步带　8—光电测速装置
9—交流调频门机控制箱　10—减速带轮　11—门位置开关　12—轿厢侧梁　13—开门机机架

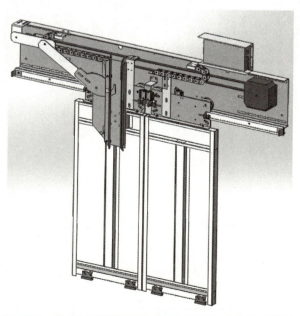

图 4-24　永磁同步电动机驱动及同步带传动开关门机构

三、电梯门的传动装置

1. 轿门的传动装置

轿门的传动装置主要为门机装置，为门系统的动力来源，实现轿门与层门的开关门动作。它主要包括门电动机、变频器、传动机构（同步带）、导向机构（门挂板的滚轮导轨）、门刀、闭合装置等。如图4-25所示。

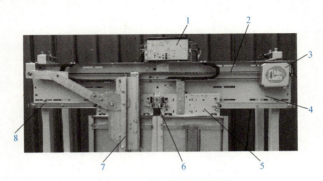

图4-25 轿门的门机装置

1—变频器　2—同步带　3—门电动机　4—门机背板　5—门挂板　6—闭合装置
7—门刀　8—导向机构

2. 层门的传动装置

层门的传动装置主要为层门的上坎装置，其结构如图4-26所示。

图4-26 层门上坎装置

1—层门背板　2—钢丝绳　3—触点　4—门锁　5—门锁轮　6—层门背板
7—钢丝绳轮及保护罩　8—门挂板

 **工作步骤**

步骤一：观察教学电梯

学生以3~5人为一组，观察教学电梯的开关门机构，掌握其基本结构、安装位置以及工作原理，并作记录。

1. 图4-27是_____，作用是_____。请在图上写出配件名称。

2. 图4-28是_____，作用是_____。请在图上写出配件名称。

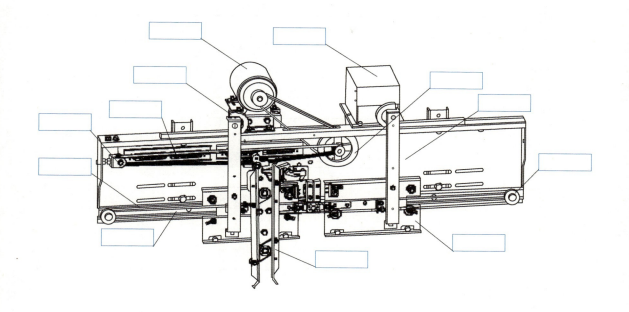

图 4-27　步骤一图（一）

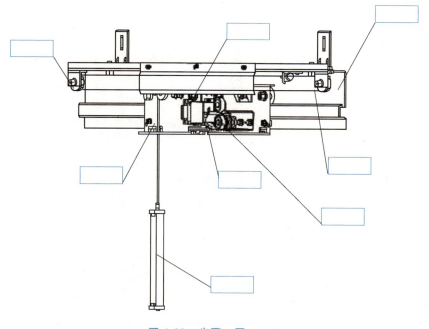

图 4-28　步骤一图（二）

步骤二：观察并记录

1）对照教学电梯记录变频器的相关内容（或使用网络查询），并记录于表 4-3 中。

表 4-3　电梯变频器学习记录

品牌		型号		规格	
供电电源		额定容量/kV·A			
输出电压/V		额定输入电流/A			
额定输出电流/A		适配电动机/kW			
驱动电动机类型					

2）对照教学电梯记录门电动机的相关内容（或利用网络查询），并记录于表 4-4 中。

表 4-4　电梯门电动机学习记录

品牌		型号		规格	
输出功率/W		调速范围/(r/min)			
额定电压/V		额定电流/A			
绝缘等级		工作制			
极数					

步骤三：分组讨论

学生分组讨论：

1）根据观察的结果与记录，每个人口述电梯开关门机构的基本结构与各主要部件的作用。

2）进行小组互评（叙述和记录的情况）并作记录。

 评价反馈

（一）自我评价（40 分）

由学生根据学习任务完成情况进行自我评价，将评分值记录于表 4-5 中。

表 4-5　自我评价

学习任务	项目内容	配分	评分标准	扣分	得分
学习任务 4.1、4.2	1. 安全意识	10	1. 不遵守安全规范操作要求，酌情扣 2~5 分； 2. 有其他违反安全操作规范的行为，扣 2 分		
	2. 门系统观察与测量结果记录	20	1. 不遵守工作步骤的要求，扣 2~5 分 2. 记录不完整，一个扣 5 分		
	3. 熟悉开关门机构	50	1. 没有找到指定的部件，每个扣 5 分 2. 不能说明部件的作用，每个扣 5 分		
	4. 职业规范和环境保护	20	1. 在工作过程中工具和器材摆放凌乱，扣 3 分 2. 不爱护设备、工具，不节省材料，扣 3 分 3. 在工作完成后不清理现场，在工作中产生的废弃物不按规定处置，各扣 2 分；若将废弃物遗弃在井道内可扣 3 分		

总评分＝（1~4 项总分）×40%

签名：＿＿＿＿＿＿＿＿＿　＿＿＿＿＿＿年＿月＿日

（二）小组评价（30 分）

由同一实训小组的同学结合自评的情况进行互评，将评分值记录于表 4-6 中。

表 4-6　小组评价

项 目 内 容	配分	评分
1. 实训记录与自我评价情况	30 分	
2. 相互帮助与协作能力	30 分	
3. 安全、质量意识与责任心	40 分	

总评分 =（1～3 项总分）×30%

参加评价人员签名：_____　_____　__年__月__日

（三）教师评价（30 分）

由指导教师结合自评与互评的结果进行综合评价，并将评价意见与评分值记录于表 4-7 中。

表 4-7　教师评价

教师总体评价意见：

教师评分（30 分）	
总评分 = 自我评分 + 小组评分 + 教师评分	

教师签名：_____　_____　__年__月__日

 项目小结

本项目主要介绍电梯门系统中的各个组成部件及其作用，重点介绍了开关门机构。

1）电梯的门系统是电梯结构中重要的组成部分，该部分运行是否良好将直接影响电梯的整体质量及使用。因此电梯门系统的安装、调试有着十分重要的意义，对于专业的电梯操作、维护人员，需要对门系统的各个组成部分及其作用有深刻的理解。

2）电梯开关门系统的好坏直接影响电梯运行的安全性与可靠性。开关门系统是电梯故障的高发区，提高开关门系统的质量是电梯从业人员的重要目标之一，因此需要熟练掌握电梯自动开关门机构的基本结构与原理。

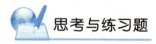 思考与练习题

4-1　填空题

1. 电梯门按照安装位置可以分为_____、_____两类。

2. 电梯层门由以下几个部分组成：_____、_____、_____、_____、_____、_____、_____和_____。

3. 常见的自动开关门机构有_____、_____和_____三种。

4. 由于自动门锁的不同，门刀有_____、_____之分。

5. 电梯门按照驱动方式不同分为 ＿＿＿＿＿＿＿＿ 、 ＿＿＿＿＿＿＿＿ 、 ＿＿＿ ＿＿＿＿＿ 、 ＿＿＿＿＿＿＿ 、 ＿＿＿＿＿＿＿ 、 ＿＿＿＿＿＿＿ 。

6. 电梯门入口最小净高是 ＿＿＿＿＿ ，电梯门的最小净宽度是 ＿＿＿＿＿ 。

7. 电梯层门门锁的结构 ＿＿＿＿＿＿＿ 、 ＿＿＿＿＿＿ 、 ＿＿＿＿＿＿ 、 ＿＿＿＿ 。

4-2　选择题

1. 门由一侧向另一侧开关的电梯门称为 （　　　）。
A. 中分式门　　　　B. 旁开式门　　　　C. 直分式门　　　　D. 单掩门

2. 几个门扇开、关门速度相同的是 （　　　）。
A. 中分式门　　　　B. 旁开式门　　　　C. 直分式门　　　　D. 单掩门

3. 由于开门速度快，较适用于客梯的是 （　　　）。
A. 中分式门　　　　B. 旁开式门　　　　C. 直分式门　　　　D. 单掩门

4. 由于开门宽度大，较适用于货梯的是 （　　　）。
A. 中分式门　　　　B. 旁开式门　　　　C. 直分式门　　　　D. 单掩门

5. 轮组件固定在门扇上方，每个门扇至少装有 （　　　） 套。
A. 1　　　　　　　B. 2　　　　　　　C. 3　　　　　　　D. 4

6. 手动三角锁安装在 （　　　）。
A. 层门上　　　　　B. 轿门上　　　　　C. 轿顶上　　　　　D. 轿底上

7. 安全触板安装在 （　　　）。
A. 层门上　　　　　B. 轿门上　　　　　C. 轿顶上　　　　　D. 轿底上

8. 强迫关门装置安装在 （　　　）。
A. 层门上　　　　　B. 轿门上　　　　　C. 轿顶上　　　　　D. 轿底上

9. 自动门锁装置安装在 （　　　）。
A. 层门上　　　　　B. 轿门上　　　　　C. 轿顶上　　　　　D. 轿底上

10. 电梯层门锁的锁钩啮合与电气触点的动作顺序是 （　　　）。
A. 锁钩啮合与电气触点接通同时
B. 锁钩的啮合深度达到 7mm 以上时电气触点接通
C. 动作先后没有要求
D. 电气触点接通后锁钩啮合

11. 货梯门扇与门套之间，门扇与门扇之间的间隙均应不大于 （　　　）。
A. 5mm　　　　　　B. 6mm　　　　　　C. 7mm　　　　　　D. 8mm

12. 以下不属于层门机械部件的是 （　　　）。
A. 门地坎　　　　　B. 门导轨　　　　　C. 传动钢丝绳　　　　D. 安全触板

4-3　判断题

1. 要求再高的电梯，安全触板只要安装机械式、电子光幕式、光电开关式三种中的一种就足够了。（　　　）

2. 只有当电梯的轿门和所有的层门都关闭后，电梯才能起动运行。（　　　）

3. 在正常情况下，当轿厢不在本层时，打开的层门会自动关闭。（　　　）

4. 层门地坎要求有足够的承载能力。(　　)

5. 电梯门的关门速度快于开门速度。(　　)

6. 电梯的层门与轿门可以是不同类型。(　　)

7. 电梯的轿门与层门分别由不同的动力驱动。(　　)

4-4　学习记录与分析

1. 分析表 4-1、表 4-2 中记录的内容，小结参观电梯门系统的主要收获与体会。

2. 分析表 4-3、表 4-4 中记录的内容，小结观察电梯开关门机构的基本结构、开关门动作的过程和基本要求。

4-5　试叙述对本任务的认识、收获与体会。

项目 5　电梯的导向和重量平衡系统

 项目分析

　　本项目的主要内容是认识电梯的导向系统，了解电梯的导轨、导轨架和导靴；认识电梯的重量平衡系统，了解电梯的对重装置、平衡系数及平衡补偿装置。

 建议学时

　　建议完成本项目用时 12~16 学时。

 学习目标

应知

（1）了解电梯的导向系统。

（2）掌握电梯对重装置的构成与作用。

（3）理解电梯平衡系数的作用。

（4）了解电梯补偿装置。

应会

（1）认识电梯的导轨、导轨架和导靴。

（2）了解导轨、导靴的类型、安装位置和使用方法。

（3）初步学会计算电梯对重装置的重量。

 学习任务 5.1　导向系统

 基础知识

　　电梯的导向系统包括轿厢的导向装置和对重的导向装置两部分。导向系统的作用是限定轿厢和对重装置在井道内分别沿着各自垂直方向的导轨上下运行。导向系统主要由导轨、导靴和导轨架构成，如图 5-1 所示。

导向系统的组成、
分类和作用

一、导轨

　　电梯导轨是电梯在井道中上下行驶的安全路轨，导轨通过导轨架固定在井道墙壁上，如图 5-2 所示。导轨对电梯的升降起导向作用，是确保轿厢和对重装置按设定路径做上下垂直运行的机件，同时限制轿厢和对重装置的活动自由度，使两者平稳运行。

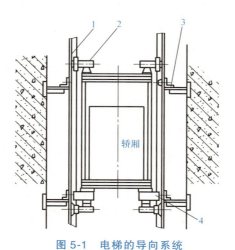

图 5-1　电梯的导向系统

1—导轨　2—导靴　3—导轨架　4—安全钳

图 5-2　井道中的导轨及导轨架

1. 对导轨的要求

电梯导轨不仅在电梯运行时为轿厢和对重装置提供导向，还在安全钳制动时起到支承作用，是电梯系统中的重要部件。因此，对导轨的材料及加工有十分严格的要求。

（1）导轨的材料

导轨要承受轿厢的偏重力、制动的冲击力、安全钳紧急制动时的冲击力等，因此要求导轨具有足够的强度、韧性，在受到强烈冲击时不发生断裂。GB/T 22562—2008《电梯 T 型导轨》中规定，导轨所用原材料钢的抗拉强度应至少为 $370N/mm^2$，且不大于 $520N/mm^2$，宜使用 Q235 作为原材料钢。

（2）导轨导向面的粗糙度

导轨导向面粗糙度直接影响导靴在导向面上能否平滑运行，同时也影响润滑油的存储，从而影响轿厢的运行质量。GB/T 22562—2008《电梯 T 型导轨》中对导轨表面粗糙度的规定：对导向面的纵向机械加工导轨 $Ra \leqslant 1.6\mu m$，冷轧加工导轨 $1.6\mu m \leqslant Ra \leqslant 6.3\mu m$；对导向面的横向机械加工导轨 $0.8\mu m \leqslant Ra \leqslant 3.2\mu m$。

（3）导轨的直线度和扭曲度

导轨上任何一点的弯曲及扭曲都会加给轿厢一个侧力，影响轿厢上下直线运动，使轿厢有晃动，随着电梯速度的提高，轿厢会有振动感，从而影响乘梯的舒适度。因此，在 GB/T 22562—2008《电梯 T 型导轨》中对导轨的平面度、对称度和垂直度都有严格的规定，具体可查阅相关资料。

（4）导轨的连接精度

实心导轨的连接精度是由导轨的端部尺寸及凹凸形榫槽的对称度来保证的，空心导轨的连接精度是由导轨的端部尺寸公差及几何公差来保证的，导轨的连接精度直接影响电梯运行的平稳性及舒适度。

2. 导轨的形状

导轨主要由钢轨和连接板构成，一般钢导轨常采用机械加工方式或冷轧加工方式制作。常见的导轨横截面形状如图 5-3 所示。

图 5-3　常见的导轨横截面形状

a）T 型导轨　b）L 型导轨　c）圆型导轨　d）槽型导轨　e）空心导轨

目前电梯广泛使用的是按照 GB/T 22562—2008《电梯 T 型导轨》生产的 T 型导轨，其横截面外形如图 5-3a 所示。这是与国际标准统一的导轨，具有良好的抗弯性能及良好的可加工性能。其型号组成如下：

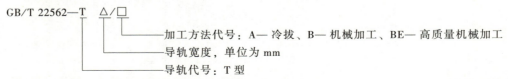

标准中规定导轨宽度是指导轨底部宽度的圆整值，必要时用带有相同底部宽度但不同剖面的编号表示。其常见规格有：45、50、70、75、78、82、89、90、114、125、127-1、127-2、140-1、140-2、140-3。例如，电梯导轨 GB/T 22562—T82/A、电梯导轨 GB/T 22562—T125/BE、电梯导轨 GB/T 22562—T127-1/B。

L 型导轨的强度、刚度以及表面精度较低，因此常用于货梯对重导轨和速度为 1m/s 以下的客梯对重导轨。

空心导轨用薄钢板滚轧而成，精度较 L 型导轨高，有一定的刚度，多作为乘客电梯对重导轨，其横截面外形如图 5-3e 所示。

槽型导轨和圆型导轨应用较少。

3. 导轨的连接

每根 T 型导轨的长度一般为 3~5m，架设在井道空间的导轨是从下而上的，因此必须把两根导轨的端部加工成凹凸形榫槽（见图 5-4），将两根导轨端部互相对接好，然后用连接板将两根导轨固定连接在一起，如图 5-5 所示，连接板的宽度与导轨相适应，连接板的长度与厚度则根据导轨的宽度不同而有所不同，导轨越宽，连接板的长度越长，厚度越厚。每根导轨端头至少需要四个螺栓与连接板固定，如图 5-6 所示。导轨的安装质量直接影响电梯的运行性能。

图 5-4 导轨端部的凹凸形榫槽

图 5-5 两根导轨的连接

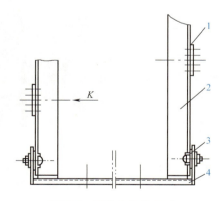

图 5-6 导轨底部的固定

1—连接板 2—导轨 3—压导板 4—底坑槽钢

二、导轨架

导轨架的作用是支承导轨。先将轿厢和对重的导轨架稳固在井道壁上，再将轿厢和对重的导轨固定在相应的导轨架上。导轨架固定了导轨的空间位置，并承受来自导轨的各种作用力，因此导轨架应具有刚性好、不易变形、固定牢固可靠的特点。一般在井道中每隔 2 ~ 2.5m 装设一档导轨架，每根导轨至少设有两档支架。

导轨架在井道壁上的固定方式有埋入地脚螺栓法、导轨架埋入法、预埋钢板法和对穿螺栓法。导轨架应使用强度较高的金属材料制作，而且具有针对井道墙壁的建筑误差进行弥补性调整的作用。图 5-7a、b 分别为轿厢和对重的导轨架结构。

a)   b)

图 5-7 轿厢和对重的导轨架结构
a）轿厢导轨架   b）对重导轨架

轿厢导轨和对重导轨在导轨架上只能用压导板固定，以利于解决由于建筑物正常沉降、混凝土收缩以及建筑偏差等所造成的问题。图 5-8a 所示为压导板中的一种，用其把导轨固定于导轨架上的情况如图 5-8b 所示。在电梯安装时能够矫正一定范围内的导轨变形，但不能适应建筑物的正常下沉或混凝土收缩等情况。一旦建筑物正常下沉或混凝土收缩等情况发生，导轨将会发生变形，并影响电梯的正常运行。这种压导板一般用于建筑物高度较低且电梯速度不高的电梯上。

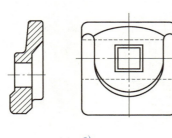

a)   b)

图 5-8 压导板（一）
a）压导板   b）压导板安装图

为了解决建筑物的下沉或混凝土的收缩对电梯导轨的影响，可采用图 5-9 所示的压导板。这种压导板把导轨固定于金属支架上的情况如图 5-9b 所示，两压导板与导轨为点接触，当混凝土收缩时，导轨能够比较容易地在压导板之间滑移。

由于导轨背面支承一块圆弧垫板，导轨与圆弧垫板之间为线接触，因此即使导轨架发生稍许的偏转，导轨和圆弧垫板之间的线接触关系仍然保持不变，不会影响电梯的正常运行。但对导轨的加工精度和直线度要求都比较高。

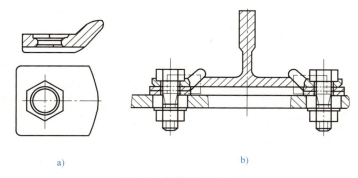

图 5-9　压导板（二）

a）压导板　b）压导示意图

三、导靴

导靴是确保轿厢和对重装置分别沿着轿厢导轨和对重导轨上下运行的重要机件，也是保持轿厢踏板与层门踏板、轿厢体与对重装置在井道内的相对位置处于恒定关系的装置。导靴分为轿厢导靴和对重导靴两种，轿厢导靴安装在轿厢架的上梁上面和下梁的安全钳下面（见图 5-1），对重装置的导靴安装在对重架的上部和下部。每部电梯的轿厢架和对重架各装四只导靴。

导靴按其在导轨工作面上的运动方式，可分为滑动导靴和滚动导靴两种，见表 5-1。

表 5-1　滑动导靴与滚动导靴

类型		外形	结构	特点	应用
滑动导靴	刚性滑动导靴		主要由靴衬和靴座组成。靴衬常采用耐磨性和减振性好的尼龙注塑成型，靴座由铸铁或钢板焊接成型	靴头是固定的，没有调节机构，因此靴衬底部与导轨端面间要留有均匀的间隙，以容纳导轨间距的偏差。随着运行时间增长，其间隙会越来越大，这样轿厢在运行中就会产生一定的晃动，甚至会出现冲击	一般只用于额定速度低于 1m/s 的电梯轿厢架及对重架上

（续）

类型		外形	结构	特点	应用
滑动导靴	弹性滑动导靴	3　4　5　6 2 1 1—靴座　2—靴头　3—靴衬 4—靴轴　5—压缩弹簧（内部） 6—调节螺母	由靴座、靴头、靴衬、靴轴、压缩弹簧或橡胶弹簧、调节套或调节螺母组成。靴头是浮动的，在弹簧力的作用下，靴衬的底部始终压贴在导轨端面上	由于靴衬始终压贴在导轨上，因此能使轿厢保持较稳定的水平状态，同时在运行中具有吸收振动与冲击的作用。靴衬与导轨端面的初压力可通过调节弹簧的压缩量进行调节，初压力过大会削弱导靴的减振性能，不利于电梯的运行平稳；初压力过小会失去对偏重力的弹性支承能力，同时不利于电梯运行平衡性	可用于额定速度为1~2m/s的电梯
滚动导靴		2　3 1　4 1—摇臂　2—弹簧 3—滚轮　4—靴座	由摇臂、滚轮、弹簧、靴座等组成，分为三个滚轮和六个滚轮两种。电梯在运行过程中，三个滚轮在弹簧作用下，从三个方向挤抱住导轨，三个滚轮的接触压力可通过弹簧机构加以调节，滚轮与导轨应始终保持在同一垂直平面上，并在整个轮缘宽度上与导轨工作面均匀接触	滚动导靴以滚动摩擦代替了滑动摩擦，节省能量，同时还在导轨的三个工作面上都实现了弹性支承，起到了良好的缓冲作用，提高了乘坐舒适感。并能在三个方向上自动补偿导轨的各种几何形状误差及安装偏差，能适应高的运行速度	用于运行速度大于2m/s的高速和超高速电梯

对于滑动导靴，由于导靴与导轨的接触面为滑动摩擦，因此在采用滑动导靴的轿厢或对重装置上，常在轿厢架上梁和对重装置上方的两个导靴上设置加油盒，通过油捻在电梯上下运行过程中给导轨工作面涂适量润滑油，以提高其运行能力。而对于滚动导靴，则不允许在导轨工作面上加润滑油，否则会使滚轮打滑。

 工作步骤

步骤一：观察导轨和导轨架

1）学生以3~5人为一组，观察不同类型的导轨，分析其使用范围，并记录于表5-2中。

表 5-2　观察导轨类型记录

导轨类型	使用范围
L 型导轨	
T 型导轨	
空心导轨	

2）观察教学电梯（实训装置），了解导轨安装的位置和作用，并记录于表 5-3 中。

表 5-3　观察导轨记录

导轨部件	有关记录
导轨的类型	
导轨的安装位置	

3）观察教学电梯，了解导轨架的类型和安装的位置，并记录于表 5-4 中。

表 5-4　观察导轨架记录

导轨架部件	有关记录
导轨架的类型	
导轨架的安装位置	

步骤二：观察导靴

1）观察不同类型的导靴，分析其组成和使用范围，并记录于表 5-5 中。

表 5-5　观察导靴类型记录

导靴类型	组成	使用范围
刚性滑动导靴		
弹性滑动导靴		
滚动导靴		

2）观察教学电梯，了解导靴安装的位置和作用，并记录于表 5-6 中。

表 5-6　观察导靴安装记录

导靴部件	有关记录
导靴的类型	
导靴的安装位置	

步骤三：分组讨论

学生分组讨论：

1）根据观察的结果与记录，每个人口述导轨、导轨架和导靴的类型、安装位置与作用。

2）进行小组互评（叙述和记录的情况），并作记录。

 评价反馈

（一）自我评价（40 分）

由学生根据学习任务完成情况进行自我评价，将评分值记录于表 5-7 中。

表 5-7 自我评价

学习任务	项目内容	配分	评分标准	扣分	得分
学习任务 5.1	1. 参观时的纪律和学习态度	40 分	根据参观时的纪律和学习态度评分		
	2. 观察结果记录	60 分	根据表 5-2~表 5-6 和相关的观察结果记录是否正确和详细程度评分		

总评分 =（1、2 项总分）×40%

签名：_____ _____ 年___月___日

（二）小组评价（30 分）

由同一实训小组的同学结合自评的情况进行互评，将评分值记录于表 5-8 中。

表 5-8 小组评价

项目内容	配分	评分
1. 实训记录与自我评价情况	30 分	
2. 相互帮助与协作能力	30 分	
3. 安全、质量意识与责任心	40 分	

总评分 =（1~3 项总分）×30%

参加评价人员签名：_____ _____ 年___月___日

（三）教师评价（30 分）

由指导教师结合自评与互评的结果进行综合评价，并将评价意见与评分值记录于表 5-9 中。

表 5-9 教师评价

教师总体评价意见：

教师评分（30 分）	
总评分 = 自我评分 + 小组评分 + 教师评分	

教师签名：_____ _____ 年___月___日

学习任务 5.2　重量平衡系统

 **基础知识**

重量平衡系统的
组成和作用

一、对重装置

对重是由曳引绳经曳引轮与轿厢连接，在曳引式电梯运行过程中保持曳引力的装置。对重和重量补偿装置组成了曳引式电梯的重量平衡系统（见图 1-17），起到电梯在冲顶或蹾底时，避免冲击井道顶部和底坑。

对重装置主要由对重块和对重架组成，如图 5-10 所示。

1. 对重架

对重架用槽钢或用 3~5mm 钢板折压成槽钢形后和钢板焊接而成。由于使用场合不同，对重架的结构也略有不同。根据不同的曳引方式，对重架可分为用于 2∶1 曳引驱动系统的有轮对重架和用于 1∶1 曳引驱动系统的无轮对重架两种，如图 5-11 所示。根据不同的对重导轨，又可分为用于 T 型导轨、采用弹性滑动导靴的对重架，以及用于空心导轨、采用刚性滑动导靴的对重架两种。

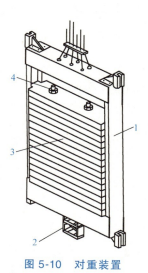

图 5-10　对重装置

1—对重架　2—延伸件　3—对重块　4—紧固件

a)　　　　　　　　　　　b)

图 5-11　对重架

a）2∶1 曳引驱动对重架　b）1∶1 曳引驱动对重架

2. 对重块

对重块的材料通常为铸铁，对重块的大小以便于安装或维修人员搬动为宜。一般每块重量为 20~75kg，如图 5-12 所示。安装时，对重块放入对重架后应用压板压紧，以防止电梯运行过程中对重块产生窜动而发出噪声。

3. 平衡系数

为了使对重装置对轿厢起到最佳的平衡作用，必须正确计算对重装置的总重量。对重装置的总重量与电梯轿厢本身的净重量和轿厢的额定载重量有关，它们之间的关系如下：

$$P = G + QK \qquad (5\text{-}1)$$

式中　P——对重装置的总重量（kg）；

　　　G——电梯空载时轿厢的重量（kg）；

　　　Q——轿厢额定载重量（kg）；

　　　K——平衡系数，一般取 0.4~0.5。

GB/T 10058—2009《电梯技术条件》中规定，曳引式电梯的平衡系数应在 0.4~0.5 范围内。

图 5-12　对重块

电梯在安装时，根据电梯随机技术文件计算出对重装置的总重量之后，再根据每个对重块的重量确定放入对重架对重块的数量。对重装置过轻或过重，都会造成电梯冲顶或蹾底事故。

二、平衡补偿装置

电梯在运行中，轿厢侧和对重侧的钢丝绳以及轿厢下的随行电缆的长度在不断变化。随着轿厢和对重位置的变化，这个总重量将轮流地分配到曳引轮的两侧。当电梯提升高度超过 30m，或建筑物层数超过 10 层时，由于电梯升降行程长，当轿厢处在最高或者最低位置时，轿厢一侧和对重一侧曳引钢丝绳的重量相差很大，足以影响电梯的平衡设计要求，如果不采取措施抵消这种影响，电梯将无法正常运行。补偿装置是将补偿链或绳的一端固定接在轿厢底，另一端固定接在对重底，起到平衡补偿的作用。

补偿装置的安装要求如下。

1）补偿链与补偿绳应悬挂，以消除其内应力与扭转力。

2）安装补偿链时，应将铁链外包上聚氯乙烯或在铁链环中穿麻绳，以减少噪声。

3）补偿链长度应确保电梯冲顶或蹾底时不致拉断或与底坑相碰，补偿链的最低点距离底坑地面应大于 100mm。

4）带有张紧装置的补偿绳必须设置防跳装置和行程开关，以便电梯蹾底或冲顶时触及开关，切断电梯控制电路，使电梯停止运行。

平衡补偿装置有补偿链、补偿绳和补偿缆三种。

1. 补偿链装置

补偿链装置是用金属链构成的曳引绳补偿装置。补偿链中间有低碳钢制成的环链，中间填塞物为金属颗粒以及聚乙烯与氯化物混合物，形成圆形保护层，链套采用具有防火、防氧化的聚乙烯护套。这种补偿链质量密度高，运行噪声小，可适用于各种中、高速电梯的补偿装置。

补偿链以铁链为主体（见图 5-13），一般在铁链环中穿麻绳，或在铁链外包上聚氯乙烯，以减少运行中铁链碰撞引起的噪声。另外，为防止铁链掉落，应在铁链两个终端分别穿套一根 φ6 钢丝绳，再从轿底和对重装置底穿过后紧固，这样就能减少电梯运行时铁链互相碰撞引起的噪声。补偿链一般用于运行速度不大于 2.5m/s 的电梯上。

2. 补偿绳装置

补偿绳装置是用钢丝绳和张紧轮构成的曳引绳补偿装置。补偿绳以钢丝绳为主体，通过

图 5-13 常用补偿链

钢丝绳卡钳、挂绳架（及张紧轮）悬挂在轿厢或对重装置底部，常用于速度大于 1.75m/s 的电梯。常见的补偿绳安装形式包括单侧补偿、双侧补偿和对称补偿，如图 5-14 所示。

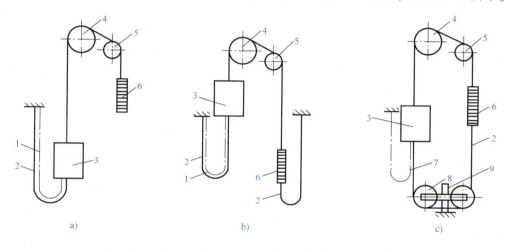

图 5-14 补偿绳装置
a）单侧补偿 b）双侧补偿 c）对称补偿
1、7—电缆 2—补偿装置 3—轿厢 4—曳引轮 5—导向轮 6—对重 8—张紧轮 9—支架

1）在单侧补偿连接中，一端与轿底连接，另一端连接在井道中部，其结构如图 5-14a 所示。单侧补偿链结构简单，适用于层楼较低的井道。

2）在双侧补偿连接中，轿厢和对重装置底部各装一套补偿装置，另一端连接在井道中部，其结构如图 5-14b 所示。由于双侧补偿连接需增加井道空间位置，因此应用不广泛。

3）在对称补偿连接中，补偿装置的两端分别与轿厢和对重装置的底部连接，用张紧装置张紧补偿链，其结构如图 5-14c 所示。因不需要增加井道空间位置，应用很广泛。

3. 补偿缆

补偿缆是最近几年发展起来的新型高密度的补偿装置。补偿缆中间有低碳钢制成的环链，中间填塞物为金属颗粒以及聚乙烯与氯化物的混合物，形成圆形保护层，链套采用具有防火、防氧化的聚乙烯护套。这种补偿缆质量密度高，运行噪声小，可适用于各种中、高速电梯的补偿装置。

工作步骤

步骤一：观察对重

学生以 3~5 人为一组，观察教学电梯（实训装置），了解电梯对重装置的安装位置、类型和作用（可演示轿厢和对重装置运动），并记录于表 5-10 中（可自行设计记录表格）。

表 5-10　观察对重记录

对重装置部件	有关记录
对重架类型	
对重块的材料和数量	
其他部件	

步骤二：讨论和完成作业

学生分组讨论：

1）根据观察的结果与记录，每个人叙述对重装置的类型、安装位置与作用。

2）进行小组互评（叙述和记录的情况），并作记录。

3）完成作业："5-4 综合题"第 1 题。

评价反馈

（一）自我评价（40 分）

由学生根据学习任务完成情况进行自我评价，将评分值记录于表 5-11 中。

表 5-11　自我评价

学习任务	项目内容	配分	评分标准	扣分	得分
学习任务 5.2	1. 参观时的纪律和学习态度	40	根据参观时的纪律和学习态度给分		
	2. 观察结果记录	60	根据表 5-10 的观察结果记录是否正确和详细给分		

总评分 =（1~2 项总分）×40%

签名：_____　____年___月___日

（二）小组评价（30 分）

由同一实训小组的同学结合自评的情况进行互评，将评分值记录于表 5-12 中。

表 5-12　小组评价

项目内容	配分	评分
1. 实训记录与自我评价情况	30 分	
2. 相互帮助与协作能力	30 分	
3. 安全、质量意识与责任心	40 分	

总评分 =（1~3 项总分）×30%

参加评价人员签名：_____　____年___月___日

（三）教师评价（30 分）

由指导教师结合自评与互评的结果进行综合评价，并将评价意见与评分值记录于表 5-13 中。

表 5-13　教师评价

教师总体评价意见：	
教师评分（30 分）	
总评分 = 自我评分+小组评分+教师评分	

教师签名：_____　_____年___月___日

项目小结

1. 导轨、导轨架和导靴组成了电梯的导向系统。导轨通过导轨架固定在井道壁上，轿厢和对重装置上各装有 4 个导靴，使轿厢和对重装置能沿着导轨运行。

2. 对重和重量补偿装置组成了曳引式电梯的重量平衡系统，在电梯工作中使轿厢与对重间的重量差保持在某一个限额之内，保证电梯的曳引传动安全、可靠、平稳，运行正常。

3. 重量补偿装置是用来补偿电梯运行时因曳引绳造成的轿厢和对重两侧重量不平衡的部件。

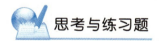

思考与练习题

5-1　填空题

1. 为了减小导靴在电梯运行过程中的摩擦力，当电梯的额定运行速度达到_____ m/s 以上时，应采用滚动导靴。

2. 每根导轨至少有_____个支架，其间隙不应大于_____mm。

3. 两根导轨连接是用_____和_____固定连接的。

4. 每个轿厢和每组对重分别装有_____只导靴。

5. 导靴按其在导轨工作面上的运动方式，分为_____导靴和_____导靴两种类型。

6. 导轨是为轿厢和对重提供_____的部件，在井道中确定轿厢和对重的相互_____。

7. 对重装置在电梯运行中起_____轿厢重量的作用。

8. 平衡补偿装置悬挂在对重和轿厢的_____面，电梯上下运行时，其长度的变化与曳引绳_____。

9. 电梯对重的作用是平衡部分轿厢的载重量，以减小曳引电动机的_____和_____。

10. 为补偿曳引轮两边钢丝绳的差重，采取补偿的方式有_____、单侧补偿和_____。

11. 影响电梯平衡系数的因素主要有电梯的_____和_____。

12. 平衡补偿装置有_____、_____和_____三种。

5-2　选择题

1. 导轨、导靴和导轨架组成的系统称为（　　）系统。

A. 导向　　　　　B. 曳引　　　　　C. 重量平衡　　　　　D. 轿厢

2. 电梯轿厢导靴一般有（　　）只。

A. 2　　　　　B. 4　　　　　C. 6　　　　　D. 8

3. 电梯产品中常用的导靴分两类，分别是（　　）。

A. 滚动导靴和滑动导靴　　　　　B. 刚性滑动导靴和弹性滑动导靴

C. 滚动导靴和刚性滑动导靴　　　　　D. 滚动导靴和弹性滑动导靴

4. 中、低速电梯用（　　）导靴。

A. 弹性　　　　　B. 滑动　　　　　C. 滚动　　　　　D. 固定

5. 高速电梯用（　　）导靴。

A. 弹性　　　　　B. 滑动　　　　　C. 滚动　　　　　D. 固定

6. 滚动导靴通常用于（　　）。

A. 低速电梯　　　　　B. 中速电梯

C. 高速电梯　　　　　D. 都不适用

7. 固定滑动导靴一般仅适用于（　　）。

A. 低速电梯　　　　　B. 快速电梯

C. 高速电梯　　　　　D. 超高速电梯

8. 为了减小导靴在电梯运行过程中的摩擦力，当电梯的额定运行速度达到（　　）m/s以上时，应采用滚动导靴。

A. 1　　　　　B. 2　　　　　C. 3　　　　　D. 4

9. 滚动导靴的工作特点是（　　）。

A. 需要在导轨工作面加油　　　　　B. 摩擦损耗减小

C. 与导轨摩擦较大　　　　　D. 舒适感差

10. 滚轮导靴的导轨面上加润滑油会导致（　　）。

A. 滚轮更好地转动　　　　　B. 滚轮打滑，加速滚轮橡胶老化

C. 减少噪声　　　　　D. 更好地工作

11. 滚动导靴的（　　）个滚轮在弹簧力的作用下，压贴在导轨的工作面上。

A. 1　　　　　B. 2　　　　　C. 3　　　　　D. 4

12. 轿厢、对重各自应至少由（　　）根刚性的钢质导轨导向。

A. 1　　　　　B. 2　　　　　C. 3　　　　　D. 4

13. 每根导轨至少设两个导轨架，其间隔应小于（　　）m。

A. 3　　　　　B. 2.5　　　　　C. 1.5　　　　　D. 4

14. 客梯广泛使用的导轨有（　　）型导轨、L 型导轨和空心型导轨三种。

A. Ω　　　　　B. I　　　　　C. T　　　　　D. Π

15. 标准 T 型导轨 T50/A 的底宽为（　　）mm。

A. 40　　　　　B. 50　　　　　C. 70　　　　　D. 80

16. 电梯导轨的安装，是用（　　）把导轨固定在导轨架上的。

A. 螺栓　　　　B. 压导板　　　　C. 梢钉　　　　D. 铆钉

17. 校正导轨接头的平直度时，应拧松（　　），逐根调直。

A. 导轨架固定螺栓　　　　　　B. 两头邻近的导轨压导板螺栓

C. 所有螺栓　　　　　　　　　D. 压导板

18. 热轧型钢导轨只能用在（　　）上。

A. 货梯　　　　　　　　　　　B. 对重

C. 速度不大于 0.4m/s 的电梯　　D. 速度大于 0.4m/s 的电梯

19. 平衡补偿装置悬挂在对重和轿厢的（　　）。

A. 底部　　　　B. 上面　　　　C. 左侧面　　　　D. 右侧面

20. 对重、轿厢分别悬挂在曳引绳两端，对重起到平衡（　　）重量的作用。

A. 钢丝绳　　　B. 轿厢　　　　C. 电梯　　　　D. 电缆

21. 对重由曳引钢丝绳经（　　）与轿厢连接。

A. 平衡链　　　B. 平衡轮　　　C. 曳引轮　　　D. 限速器轮

22. GB/T 10058—2009《电梯技术条件》规定，曳引式电梯的平衡系数应在（　　）范围内。

A. 0.1～0.2　　B. 0.2～0.3　　C. 0.3～0.4　　D. 0.4～0.5

23. 电梯的平衡系数为 0.5，当对重和轿厢的重量相等时，电梯处于平衡状态，此时轿厢内的载荷应为（　　）。

A. 空载　　　　B. 半载　　　　C. 满载　　　　D. 超载

24. 曳引式客梯的平衡系数应为（　　）。

A. 0.2～0.25　　B. 0.4～0.5　　C. 0.5～0.75　　D. 0.75～1

25. 电梯常用的平衡补偿装置有补偿链、补偿绳和（　　）三种。

A. 补偿块　　　B. 补偿线　　　C. 补偿缆　　　D. 补偿环

26. 电梯的额定载重量和轿厢自重均为 2000kg，对重重量为 2900kg，则平衡系数为（　　）。

A. 0.4　　　　　B. 0.45　　　　C. 0.5　　　　　D. 0.55

27. 平衡系数为 0.5 的电梯，工作在额定频率、额定电压条件下，空载下行与满载上行的工作电流是（　　）。

A. 空载下行大，满载上行小　　B. 空载下行小，满载上行大

C. 基本相同　　　　　　　　　D. 无法确定

28. 一台载货电梯，额定载重量为 1000kg，轿厢自重为 1200kg，平衡系数设为 0.5，对重的总重量应为（　　）kg。

A. 1600　　　　B. 1700　　　　C. 1800　　　　D. 2200

5-3 判断题

1. 导轨架应具有针对井道墙壁的建筑误差进行弥补性调整的作用。（　　　）

2. 导轨是为电梯轿厢和对重提供导向的部件。（　　　）

3. 电梯额定速度大于 2m/s 时，必须使用滑动导靴。（　　　）

4. 导靴有滑动导靴和滚动导靴两种，根据电梯额定运行速度选择导靴种类。在电梯运行速度 $v \leqslant 2.5$m/s 时采用滚动导靴。（　　　）

5. 导轨架固定在井道壁上，是固定导轨的部件，每根导轨需要两根导轨架。（　　　）

6. 轿厢架上有 4 只导靴。（　　　）

7. 滚动导靴的三个滚轮在弹簧力的作用下压贴在导轨的两个工作面上。（　　　）

8. 导轨用压导板固定在导轨架上，必要时可采用焊接或螺栓直接联接。（　　　）

9. 对重导轨和轿厢导轨规格相同。（　　　）

10. 对重装置可以减小曳引电动机的功率和转矩。（　　　）

11. 按电梯轿厢和对重的相对位置有两种，不是左边就是右边。（　　　）

12. 对重由钢丝绳经限速绳轮与轿厢连接，在电梯运行中起平衡作用。（　　　）

13. 补偿装置有补偿链和补偿绳两种，当梯速大于 3.5m/s 时，有的用补偿链补偿。（　　　）

14. 补偿链一般使用在运行速度不大于 2.5m/s 的电梯上。（　　　）

15. 采用补偿绳补偿时，应设有补偿绳防跳的张紧装置及限位开关。（　　　）

16. 电梯平衡系数 K 是用来确定对重总重量的一个取值参数常量。（　　　）

5-4 综合题

1. 对重装置的作用是什么？

2. 一台载货电梯，额定载重量为 1000kg，轿厢自重为 1200kg，平衡系数设为 0.5，求对重的总重量。

5-5 学习记录与分析

1. 分析导轨、导轨架和导靴的作用。

2. 分析表 5-10 中记录的内容，小结观察电梯重量平衡系统的主要收获与体会。

5-6 试叙述对本任务的认识、收获与体会。

项目6　电梯的电气系统

项目分析

　　通过本项目的学习，使学生基本掌握电梯电气系统各部分电路的功能及其相互之间的关系，熟悉电梯电气系统的控制方式和工作原理。

建议学时

　　建议完成本项目用时 24~26 学时。

学习目标

　　应知

　　（1）了解电梯电气系统的构成及控制功能。

　　（2）了解电梯电气系统中各种电器的类型和作用。

　　（3）掌握电梯电气系统的工作原理。

　　应会

　　（1）认识电梯电气系统的各种电器。

　　（2）能结合电梯电气原理图认识电梯一体化控制系统 I/O 点的作用。

学习任务 6.1　电梯电器

基础知识

一、电梯电气系统概述

　　电梯电气系统包括电力拖动系统和电气控制系统。

　　如果从硬件的角度区分，电梯电气系统主要由电源总开关、电气控制柜（屏）、轿厢操纵箱以及安装在电梯各部位的安全开关和电器组成，如图 6-1 所示。如果按电路的功能区分，又可分为电源电路、安全保护电路、运行控制电路、开关门电路、呼梯及层楼显示电路、消防开关和其他安全保护电路（装置）等。

　　1. 电源电路

　　电源配电电路的作用是将市电网电源（三相交流 380V，单相交流 220V）经断路器配送到主变压器、相序继电器、照明电路等，为电梯各电路提供合适的电源电压。

电气安全保护装
置的组成和作用

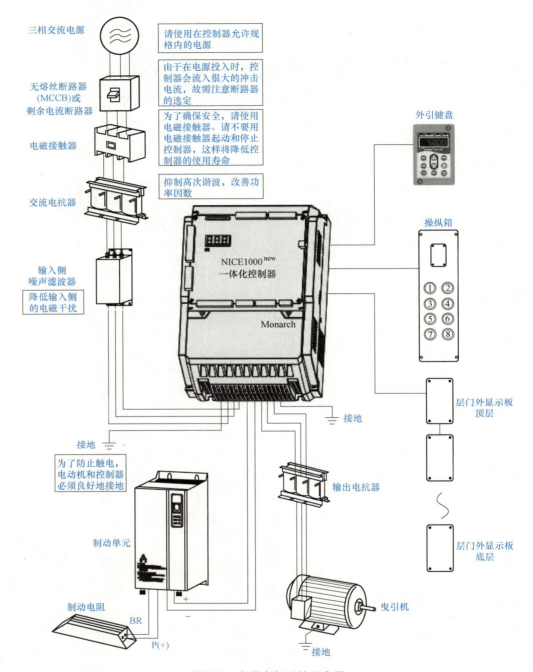

三相交流电源

请使用在控制器允许规格内的电源

由于在电源投入时，控制器会流入很大的冲击电流，故需注意断路器的选定

无熔丝断路器(MCCB)或剩余电流断路器

为了确保安全，请使用电磁接触器。请不要用电磁接触器起动和停止控制器，这样将降低控制器的使用寿命

电磁接触器

外引键盘

抑制高次谐波，改善功率因数

交流电抗器

操纵箱

NICE1000^new 一体化控制器

输入侧噪声滤波器

降低输入侧的电磁干扰

Monarch

层门外显示板顶层

接地

接地

为了防止触电，电动机和控制器必须良好地接地

输出电抗器

层门外显示板底层

制动单元

制动电阻

BR

+

−

曳引机

P(+)

接地

图 6-1　电梯电气系统示意图

2. 安全保护电路

电梯安全保护电路的设置，主要是考虑电梯在使用过程中，因某些部件质量问题、保养维修欠佳、使用不当，电梯在运行中可能出现的一些不安全因素，或者维修时要在相应的位置上对维修人员采取确保安全的措施。如果该电路工作不正常，安全接触器便不能得电吸合，电梯无法正常运行。

3. 运行控制电路

运行控制电路的作用是对电梯的运行过程实行操纵和控制，保证电梯的正常与安全运行。电梯的运行程序通常是：选层（定向）→关门→起动加速→稳速运行→制动减速→平层停梯→开门。整个过程都由控制电路实现自动控制。

4. 开关门电路

开关门电路的作用是根据开门或关门的指令，控制门电动机的正反转从而使电梯在平层位置时实现电梯门的自动开和关。

为了保护乘客及运载物品的安全，电梯运行的必备条件是电梯的轿门和层门均锁好，门锁回路正常使门联锁接触器吸合，发出门已关好的信号。

5. 呼梯及层楼显示电路

呼梯及层楼显示电路的作用是将各处发出的召唤信号传送给微机主控制器，在微机主控制器发出控制信号的同时把电梯的运行方向和楼层位置通过层楼显示器显示。

6. 消防开关和其他安全保护电路（装置）

消防开关是发生火警时供消防人员将电梯切换至消防状态使用的电气装置。消防开关（见图 8-1）通常安装在基站呼梯按钮上方，用透明的玻璃板封闭，开关附近注有相应的操作说明。一旦发生火灾，用硬器敲碎玻璃面板，按动消防开关。

其他安全保护电路（装置）包括供电系统断相、错相的相序保护装置、电气系统的短路和过载保护装置、电气设备的接地保护，以及各种起保护作用的电器开关（如急停按钮、层门开关、安全关门开关、超载开关、钢带轮的断带开关等）。

二、电梯电气部件

本任务主要以 YL-777 型教学电梯为例，介绍电梯电气系统中的主要电气装置与电气部件，特别是一些电梯专用的电气部件，其余通用的电气部件可参阅相关课程的教材等资料。

（一）电梯控制柜内的主要电气部件

电梯控制柜一般置于机房内，无机房电梯的控制柜通常置于顶层层门旁侧且嵌入墙内。控制柜的内部结构如图 6-2 所示，其主要的电气部件见表 6-1。

图 6-2　控制柜内部结构

表 6-1　电梯控制柜主要电气部件

序号	名称	符号	型号/规格	单位	数量	功能
1	配电箱总电源开关	QPS	AC 380V	个	1	电源隔离开关
2	断路器	NF1	AC 380V	个	1	控制主变压器输入电源
3	断路器	NF2	AC 220V　4A	个	1	控制开关电源输入及 201、202 输入端
4	断路器	NF3	AC 110V　3A	个	1	控制 AC 110V 桥式整流输入端电源
5	断路器	NF4	DC 110V　4A	个	1	控制 DC 110V 输出电源
6	相序继电器	NPR		个	1	断相、错相保护
7	变压器	TR1		个	1	控制系统电压分配及电源隔离
8	整流桥	BR1	AC 110V/ DC 110V	个	1	将交流电转变为直流电
9	安全接触器	MC		个	1	保障电梯安全运行
10	开关电源	SPS		个	1	向信号控制系统提供 DC24V 电源
11	抱闸接触器	JBZ		个	1	保证电梯安全运行、控制抱闸线圈工作状态
12	运行接触器	CC		个	1	决定电梯曳引主电动机控制电路的工作状态
13	门锁继电器	JMS		个	1	确保所有的层门、轿门已关闭好,电梯才能安全运行
14	主控制电路板	MCTC-MCB		块	1	电梯信号控制系统主板
15	再平层控制板	SCB-A1		块	1	再平层控制
16	门旁路控制板	MSPL		块	1	门旁路控制
17	锁梯继电器	JST		个	1	电梯停用时锁梯
18	检修转换开关	INSM		个	1	电梯运行状态转换
19	控制柜急停开关	EST1		个	1	安全保护
20	机房检修上行按钮	MICU		个	1	检修状态时点动上行
21	机房检修下行按钮	MICD		个	1	检修状态时点动下行
22	计数器	JSQ				
23	制动电阻	ZDR				
24	电阻	RB2				
25	机房电话机	FDH		个	1	与轿顶、底坑等通信联络
26	排风扇	FAN1		个	1	控制柜散热

1. 电梯一体化控制器

电梯一体化控制器（主控电路板）是电梯自动控制的枢纽，将在"学习任务 6.2"中介绍。

2. 变频器

变频器用于曳引电动机的调速控制，将在"学习任务 6.2"中介绍。

3. 低压断路器

低压断路器是集多种保护功能于一体的保护电器。在电路工作中常作为电源开关；当电路发生短路、过载和失电压等故障时，能自动跳闸切断故障电路，从而保护电路中的电气设备。电梯常用的低压断路器如图 6-3 所示。

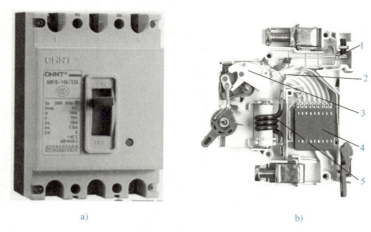

a) b)

图 6-3　低压断路器

a）外形　b）内部结构

1—过载保护双金属片　2—触点组　3—机械锁定装置　4—急速灭弧系统　5—短路保护电磁脱扣器

4. 电源变压器

电源变压器主要为控制电路、轿内照明电路、信号及检修照明电路提供电源。电源变压器将 380V 电压降到 220V、110V、42V、20V，以及将 220V 电压降低到 110V、42V、30V 和 20V。变压器的外形、符号和铭牌如图 6-4 所示。

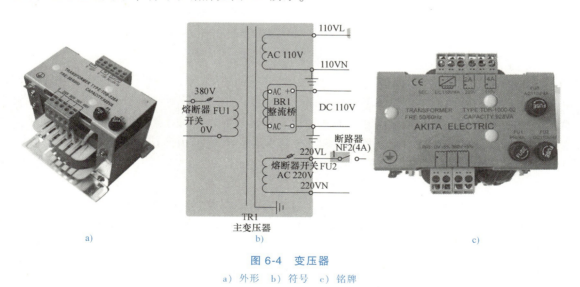

a) c)

图 6-4　变压器

a）外形　b）符号　c）铭牌

5. 相序继电器

相序继电器是为了防止三相电源错相、断相的一种继电器。所谓错相，是指电梯的三相交流电动机（曳引电动机）定子三相交流电源的相序变更，可能会引起电梯的冲顶、蹾底和超速运行的故障。错相一般发生在电梯安装、大修或供电电源变动后。为防止错相，在电梯电源主电路中设置相序继电器，一旦错相，相序继电器立即动作，自动切断主电路电源。

相序继电器按执行装置的不同，可以分为有触点相序继电器和无触点相序继电器两种。

（1）有触点相序继电器

有触点相序继电器是使用电磁继电器或交流接触器作为其执行装置，利用电磁继电器或交流接触器的触点来分断相序错误的三相电源，如图 6-5a 所示。

（2）无触点相序继电器

无触点相序继电器采用固体继电器（晶闸管、IGBT、高压 VMOS 管）作为其执行装置，使用电子元器件关断的方式来分断错误电源。它可实现自动相序识别、自动相序转换，保证电动机以恒定相序转动，如图 6-5b 所示。

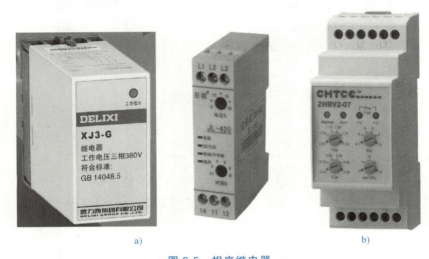

a)　　　　　　　　　　　　　　b)

图 6-5　相序继电器

a）有触点相序继电器　b）无触点相序继电器

6. 接触器

接触器是一种利用电磁原理工作的控制电器，可远距离频繁地接通和断开交直流主电路及大容量控制电路，具有欠电压和失电压保护功能，其主要控制对象是电动机，也可用于控制其他负载。接触器可分为直流接触器和交流接触器，在电梯中使用的交流接触器如图 6-6 所示。

7. 继电器

继电器是一种根据输入信号的变化来接通或分断小电流电路的控制电器。继电器的种类很多（包括前面介绍的相序继电器），在电梯中使用的电磁继电器如图 6-7 所示。

8. 制动电阻

制动电阻主要用于变频器控制电动机快速停车过程中，将电动机产生的再生电能转化为热能。电梯上使用的制动电阻如图 6-8 所示。

9. 开关电源

开关电源是通过控制开关管导通和截止的时间比率来维持稳定输出电压的一种直流电

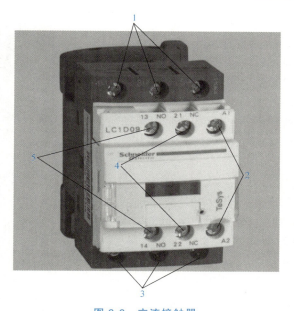

图 6-6　交流接触器

1—主触点输入端　2—线圈接线端　3—主触点输出端

4—动合辅助触点　5—动断辅助触点

源，具备短路保护、过载保护和过电压保护的功能。YL-777 电梯中采用的是型号为 LRS-150-24 的开关电源，如图 6-9 所示。该电源为电梯一体化控制板提供 24V 的直流稳压电源。

图 6-7　电磁继电器

图 6-8　电梯制动电阻

图 6-9　开关电源

（二）电梯控制柜外的主要电气部件

1. 轿厢内控制屏

控制屏是操纵电梯运行的控制中心，通常安装在电梯轿内靠门的轿壁上，外面仅露出控制屏面板，如图 6-10 所示。控制屏面板上装有根据电梯运行功能设置的按钮和开关，现简单介绍普通客梯轿厢内控制屏上装有的按钮和开关及其主要功能。

（1）选层按钮

控制屏上装有与电梯停站层数相对应的选层按钮，通常按钮内装有指示灯，如图 6-11 所示。当按下代表所选楼层的按钮后，该指令被登记，相应的指示灯亮；当电梯到达所选楼层时，相应的指令被消除，指示灯熄灭；未停靠在预选楼层时，选层按钮内的指示灯仍然亮，直到完成指令之后才熄灭。

（2）召唤信号指示灯

在选层按钮旁边或在控制屏上方装有召唤信号指示灯。当有人按下轿外召唤按钮，相应召唤层楼指示灯亮或铃响，提示轿厢内的司机。现在的电梯通常使用轿厢内选层指示灯同时作为召唤层楼指示，轿厢内选层时指示灯常亮，而轿外召唤时指示灯闪烁。当电梯到达召唤楼层时，指示灯熄灭。

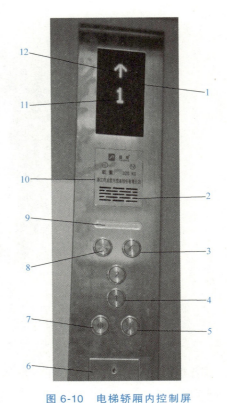

图 6-10　电梯轿厢内控制屏

1—层楼显示屏　2—对讲机　3—多方通话按钮
4—内选按钮　5—关门按钮　6—轿厢内检修盒
7—开门按钮　8—报警按钮　9—应急照明
10—铭牌　11—层楼指示　12—运行方向指示

图 6-11　选层按钮

（3）开门与关门按钮

开、关门按钮用于控制电梯门的开启和关闭。

（4）上行与下行启动按钮

电梯在有司机操纵状态下，该按钮的作用是确定运行方向及起动运行。当司机按下欲去楼层的选层按钮后，再按下所要去的方向（上行或下行）按钮，电梯轿厢就会关门并起动驶向欲去的楼层。在检修运行方式下，也可操纵电梯以检修速度运行。

（5）方向指示灯

显示电梯的运行方向。

（6）报警按钮

当电梯在运行中发生故障突然停车，而电梯司机或乘客又无法从轿厢中出来时，可以按下该按钮，通知维修人员及时援救轿厢内的电梯司机及乘客。

（7）多方（三方或五方）通话

电梯的三方通话即轿厢内、机房人员与值班人员互相通话；五方通话即轿厢内、机房人员、轿顶、井道底坑与值班人员互相通话。

（8）召唤蜂鸣器

电梯在有司机状态下，当有人按下轿外召唤按钮时，控制屏上的蜂鸣器发出声音，提醒司机及时应答。

（9）轿厢内检修盒

轿内检修盒在电梯轿厢内控制屏的下部（见图 6-10），检修盒有专门的钥匙，平常是锁上的，只有管理维护人员或电梯司机在对电梯进行检修维护时才能打开。检修盒内有各种功能开关，且多采用船形开关，如图 6-12 所示。

1）轿厢照明开关。用于控制轿厢内照明设施。其电源不受电梯动力电源的控制，当电梯故障或检修停电时，轿厢内仍有正常照明。

2）风扇开关。控制轿厢通风设备的开关。

3）运行方式开关。电梯的主要运行方式有自动（无司机）运行方式、手动（有司机）操纵运行方式、检修运行方式以及消防运行方式。控制屏上（或检修盒内）装有用于选择控制电梯运行方式的开关（或钥匙开关），可分别选择自动、有司机操纵（直驶）、检修运行方式（供电梯检修时使用）。

4）急停开关。急停开关是断开控制电路，使轿厢停止运行的开关。当出现紧急状态时，按下急停开关，电梯立即停止运行。急停开关一般为红色，可以是船形开关（见图6-12中的船形开关），也可以是圆形开关，如图6-13所示，按下时开关动作，恢复时顺时针方向旋转就会自动复位。

a)　　　　　　　　　　　b)　　　　　　　　　c)

图 6-12　轿厢内检修盒

a）面板　b）内部　c）船形开关

（10）层楼指示器

电梯层楼指示器用于指示电梯轿厢目前所在的位置及运行方向。电梯层楼指示器通常有电梯上下运行方向指示灯和层楼指示灯，以及到站钟等。

层楼指示器的种类有以下几种。

1）信号灯。一般在继电器控制系统中使用，在层楼指示器上装有和电梯运行层楼相对应的信号灯，每个信号灯外都采用数字表示。当电梯轿厢运行到达某层时，该层的层楼指示灯就亮，指示轿厢当前的位置，离开该层时相应的指示灯就灭。上、下行方向指示灯则通常用▲（表示上行）和▼（表示下行）来指示。

图 6-13　急停开关

2）数码管。一般在微机或 PLC 控制的电梯上使用，层楼指示器上有译码器和驱动电路，显示轿厢到达的层楼位置。有的电梯还配有语音提示（语音报站、到站钟）。

3）液晶显示屏。目前较新的电梯通常采用液晶显示屏，除显示层楼与运行方向信号外，还可以显示其他信息（如广告等），如图 6-14 所示。

2. 呼梯盒

呼梯盒是设置在层门一侧，用于召唤轿厢停靠在当前层站的装置，如图 6-15 所示。在下端站只装一个上行呼梯按钮，上端站只装一个下行呼梯按钮，其余的层站根据电梯功能，装有上行呼梯和下行呼梯两个按钮，各按钮内均装有指示灯。当按下上行或下行呼梯按钮时，相应的呼梯指示灯亮。当电梯到达某一层站时，该层顺向呼梯指示灯熄灭。

图 6-14　液晶显示屏

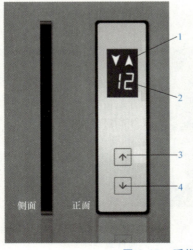

图 6-15　呼梯盒

1—电梯运行方向指示　2—层楼指示　3—上行呼梯按钮　4—下行呼梯按钮

另外，在基站层门外的呼梯盒上方设有消防开关，消防开关接通时，电梯进入消防运行状态，如有泊梯功能，则基站呼梯盒上设置钥匙泊梯开关。

3. 平层装置

（1）平层装置的结构

所谓平层，就是在平层区域内使轿厢地坎平面与层门地坎平面达到同一平面的运动。平层装置包括装在轿顶的两个或三个平层感应器（若有两个，则分别为上、下平层感应器，若有三个，则中间的是开门区域感应器），以及装在井道导轨架上的隔磁板（或遮光板），如图 6-16 所示。当平层感应器进入隔磁板时，由主板采集电梯轿厢在井道位置的信号，从而给出控制电梯起动、加速、额定速度运行、减速和平层停车开门的信号。

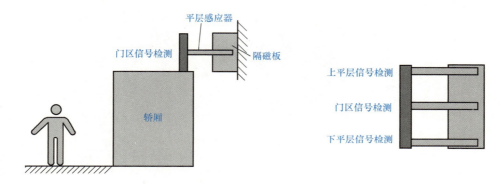

图 6-16　平层装置安装位置示意图

（2）平层过程

现以上平层为例，说明装有三个平层感应器的平层过程：

1）当电梯轿厢上行接近预选层站时，电梯运行速度由快速减为慢速继续上行，装在轿顶的上平层感应器先进入隔磁板，此时电梯仍继续慢速上行。

2）接着开门区域感应器进入隔磁板，使开门区域感应器动作，开门继电器吸合，轿门、层门开启。

3）此时轿厢仍然继续慢速上行，当下平层感应器进入隔磁板，轿厢平层，停在预选层站。

4）如果电梯轿厢因某种原因超越平层位置时，上平层感应器离开了隔磁板，通过电路控制能够使电梯反向下行再平层，待回到准确的平层位置后停止。

（3）平层感应器的类型与原理

平层感应器以前多使用永磁感应器，现在多采用光电感应器取代永磁感应器。两种平层感应器的原理可见本任务的"相关链接"。

4. 选层器

（1）选层器的功能

选层器是一种机械或电气驱动的装置。用于执行或者控制下述全部或者部分功能：确定运行方向、加速、减速、平层、停止、取消呼梯信号、门操作、位置显示和层门指示灯控制。选层器的主要功能如下。

1）根据电梯轿厢内、轿厢外的选层信号及轿厢当前所在位置确定电梯的运行方向。

2）当电梯将要到达所需停靠的楼层时，发出换速信号使其减速。

3）当电梯平层停车后，消去已应答的呼梯信号，并指示轿厢位置。

（2）选层器的类型与原理

常用的选层器有机械式、继电器式和微机（电子）式三种，其中前两种已随着电梯控制电路的发展逐步被淘汰，如今电梯的选层器基本已采用电子式选层器——旋转编码器。

旋转编码器是一种将旋转位移转换成一串数字脉冲信号的旋转式传感器，这些脉冲能用来控制角位移，如果电梯编码器与齿轮条或螺旋丝杠结合在一起，也可用于测量直线位移，如图 6-17 所示。

图 6-17　旋转编码器

旋转编码器产生的电信号由电梯的控制系统处理。在旋转编码器中，角位移的转换采用光电扫描原理。读数系统是基于径向分度盘的旋转，该分度盘由交替的透光窗口和不透光窗口构成。此系统全部用一个红外光源垂直照射，这样光就把分度盘上的图像投射到接收器表面，接收器覆盖着一层光栅，称为准直仪，具有和光盘相同的窗口。接收器的工作是感受光盘转动所产生的光变化，再将光变化转换成相应的电变化。一般地，旋转编码器也能得到一个速度信号，将这个信号反馈给变频器，从而调节变频器的输出数据。

旋转编码器有增量式与绝对式两种类型。它们的主要区别是：增量式编码器的位置是由零位标记开始计算的脉冲数量确定的，而绝对式编码器的位置是由输出代码的读数确定的。在一圈里，每个位置输出代码的读数是唯一的；当电源断开时，绝对式编码器并不与实际的位置分离。如果电源再次接通，那么位置读数仍是当前有效的；不像增量式编码器那样，必须去寻找零位标记。绝对式编码器的每一个位置对应一个确定的数字码，因此其指示值只与测量的起始和终止位置有关，而与测量的中间过程无关。

1）增量式编码器的工作原理。增量式编码器的工作原理如图 6-18 所示。它主要包括码盘、敏感元件和计数电路，一般需要两套敏感元件，一套用于检测方向，另一套用来检测转角。一个中心有轴的光电码盘，其环上有透光（通）、不透光（暗）的刻线，由光电发射和接收器件读取，获得四组正弦波信号组合成 A、B、C、D，每个正弦波相差 90° 相位差（相对于一个周波为 360°），将 C、D 信号反向，叠加在 A、B 两相上，可增强稳定信号；另每转输出一个 Z 相脉冲以代表零位参考位。由于 A、B 两相相差 90°，可通过比较 A 相在前还是 B 相在前，以判别编码器的正转与反转，通过零位脉冲，可获得编码器的零位参考位。

2）绝对式编码器的工作原理。绝对式编码器如图 6-19 所示。通过读取头的排列及在码盘或码带上的多轨道图案，可以产生指示位置的数字编码，常用的线性编码有二进制码、格

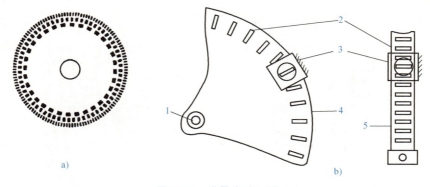

图 6-18　增量式编码器

a）典型的码盘　b）刻线

1—轴　2—等距区段　3—读取器件　4—盘　5—条

雷（Gray）码和 BCD 码等，非线性编码有正弦、余弦、正切等。

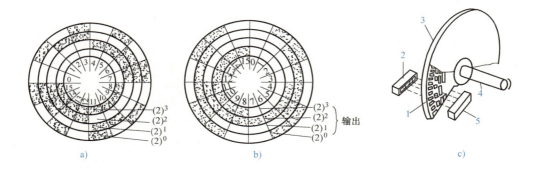

图 6-19　绝对式编码器

a）三进制编码盘　b）格雷编码盘　c）编码器元件

1—读出行　2—光传感器　3—编码盘　4—旋转轴　5—光源

　　绝对式编码器编码盘上有许多道刻线，每道刻线依次以 2 线、4 线、8 线、16 线……编排，这样，在编码器的每一个位置通过读取每道刻线的通、暗，可获得一组从 2^0 到 $2^{(n-1)}$ 的唯一的二进制编码（格雷码），称为 n 位绝对式编码器。这样的编码器是由编码盘的机械位置决定的，不受停电、干扰的影响。绝对式编码器由机械位置决定每个位置的唯一性，它无须记忆，无须找参考点，而且不用一直计数，何时需要知道位置，何时就可读取其位置，大大提高了编码器的抗干扰性和数据的可靠性。

　　目前电梯采用的编码器主要是增量式编码器，它与变频器或其他调速配合使用，为调速系统或控制系统提供速度、位置信息，一般需加分频器进行脉冲当量变换。编码器与曳引电动机同轴连接，对电动机的速度进行测量及反馈。目前变频门系统中的门电动机也装有编码器作为开关门的速度、开度的反馈元件。

　　5. 轿顶检修盒

　　轿顶检修盒设置在轿顶上方，供电梯检修人员检修时使用。检修盒内设有检修开关，停止按钮以及慢上、慢下按钮。轿顶检修盒还装有电源插座、照明灯及其他开关等。轿顶检修开关优先权最高。有的电梯在机房、轿厢内、底坑同样也设有检修盒，如图 6-20 所示。

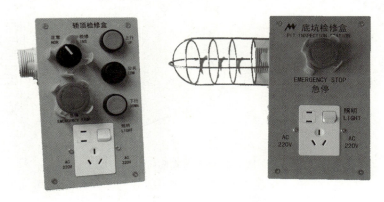

图 6-20　电梯检修盒

6. 端站停止开关

当轿厢超越端站后，强迫其停止的保护开关称为端站停止开关。为了防止电梯超越行程发生冲顶或蹾底，在井道的上、下两端分别安装了强迫缓速开关、限位开关和极限开关，具体可见后面的"学习任务 7.2"。

7. 其他外围设备

此外，电梯还有一些专用的电器（如各种专用的开关），现简单介绍如下。

（1）检修开关（见图 6-21a）

检修开关的作用是在电梯的正常工作与检修状态之间切换，当检修开关置于"正常"位置时，电梯正常运行；当置于"检修"位置时，电梯不响应内选和外呼指令，只能以检修速度慢行。

（2）各类行程开关

行程开关通常被用于限制机械运动的位置或行程，使运动机械按一定位置或行程自动停止、反向运动、变速运动或自动往返运动等。在电梯中主要用于电梯上、下限位行程开关（滚轮式），缓冲器、安全钳开关，盘车手轮安全开关，限速器电气开关（直动式）等。它们虽然外观不同，但是内部结构基本相同，如图 6-21b～e 所示。

（3）各类门开关

1）轿门关门到位开关和轿门门锁开关。轿门由门电动机带动，轿门关闭（见图6-21f）。当关门过程中压到关门到位开关时，关门到位开关闭合，将"门已完全关闭可以继续运行"的信息传递给控制电路。轿门门锁开关是当层门与轿门关闭后锁紧，轿门门锁开关与层门门锁开关接通控制电路后，电梯方可运行的机电联锁安全装置。

2）层门门锁开关（见图 6-21g）。和轿门门锁相似，由电气和机械两部分组成，机械部分主要用于防止人员在层门外扒开层门造成事故，而电气部分主要用于对门锁回路的控制。电梯层门上一般有两个检测开关，一个是带锁钩的主锁开关，另一个是采用行程开关的副门锁开关，用于检测层门的到位情况。两个开关串联，当层门关好后两个开关应处于接通状态。

图 6-21　电梯各类专用开关

a）检修开关　b）强迫缓速、限位开关　c）缓冲器、安全钳开关　d）盘车手轮安全开关

e）限速器电气开关　f）轿门门锁开关

g)

图 6-21 电梯各类专用开关（续）

g）层门门锁开关

> **注意**：不同电梯上装备的电气部件会有所不同，故以上介绍的各种电气部件在同一台电梯上不一定会全部装备。

 工作步骤

步骤一：参观

在指导教师的带领下参观教学电梯，了解电梯电气系统的构成，观察电梯运行过程中电气部件的动作顺序。

步骤二：观察教学电梯的电气部件

学生观察教学电梯（如 YL-777 型电梯）的电气部件，找出其所使用的电源变压器、相序继电器、接触器、继电器、制动电阻、开关电源、低压断路器、电抗器、船形开关、编码器、平层感应器、检修开关、急停开关、行程开关、轿门门锁开关、层门门锁开关等，并认真观察它们的铭牌，简述它们的动作原理，并填写表 6-2。

表 6-2　电梯电器学习记录

名称		变压器		
品牌		型号		
输入电压		输入电流		解释 FU 的作用，并画出图形符号
输出电压		输出电流		
频率		容量		

（续）

名称	相序继电器				
品牌		型号		画出相序继电器接线图	
额定电压		额定电流			
触点切换电压		线圈电源			
3C 额定电压范围		触点切换电流			
有触点		无触点			
名称	接触器				
品牌		型号		画出接触器图形符号,写出其文字符号	
额定电压		额定电流			
线圈电压		主触点电压			
辅助触点电压、电流		灭弧介质			
名称	继电器				
品牌		型号		画出继电器图形符号,写出其文字符号	
额定电压		额定电流			
线圈电压		主触点电压			
触点形式		触点切换电压			
名称	制动电阻				
品牌		型号		画出制动电阻图形符号,写出其文字符号	
额定功率		阻值范围			
温度系数					
名称	低压断路器				
品牌		型号		画出低压断路器图形符号,写出其文字符号	
剩余电流保护器类型		额定电流			
触点切换电压		灭弧方式			
额定电压					

名称	编码器				
品牌		型号		类型	增量式( )绝对式( )
电源电压		分辨率(圈)		控制输出	输出格式( )
名称	平层感应器				
品牌		型号		类型	永磁式( )光电式( )
工作电压		触点形式		输出方式	

名称	开关电源				
品牌		型号		额定功率	
直流输出范围		额定电流		输入电压范围	
电压调整范围		具有的自动保护			

（续）

名称	型号	额定电压	额定电流	额定功率	类型
检修开关					（ ）常开 （ ）常闭
急停开关					触点方式（ ） 复位方式（ ）
行程开关					
轿门门锁开关					
层门门锁开关		U_i（ ）AC（ ）DC（ ）	I_{th}（ ）I_a（ ）I_c（ ）		

步骤三：学习电动机的铭牌

根据图 6-22 所示两个电动机的铭牌填写表 6-3。

a)

b)

图 6-22　电动机铭牌

a）铭牌 1　b）铭牌 2

表 6-3　电动机铭牌记录

铭牌 1 曳引机额定功率		额定电压		额定电流	
铭牌 2 曳引机额定功率		额定电压		额定电流	
选择一体化控制器（铭牌 1）	品牌（ ）		型号（ ）		
选择一体化控制器（铭牌 2）	品牌（ ）		型号（ ）		

步骤四：分组讨论

学生分组讨论：

1）根据观察的结果与记录，每个人叙述所观察相关电气部件的类型、安装位置与作用。

2）进行小组互评（叙述和记录的情况），并作记录。

评价反馈

（一）自我评价（40 分）

由学生根据学习任务完成情况进行自我评价，将评分值记录于表 6-4 中。

表 6-4　自我评价

学习任务	项目内容	配分	评分标准	扣分	得分
学习任务 6.1	1. 参观时的纪律和学习态度	40 分	根据参观时的纪律和学习态度给分		
	2. 观察结果记录	60 分	根据表 6-2、表 6-3 和相关的观察结果记录是否正确和详细给分		

总评分 = (1、2 项总分)×40%

签名：＿＿＿＿＿＿　＿＿＿＿年＿＿＿月＿＿＿日

（二）小组评价（30 分）

由同一实训小组的同学结合自评的情况进行互评，将评分值记录于表 6-5 中。

表 6-5　小组评价

项目内容	配分	评分
1. 实训记录与自我评价情况	30 分	
2. 相互帮助与协作能力	30 分	
3. 安全、质量意识与责任心	40 分	

总评分 = (1~3 项总分)×30%

参加评价人员签名：＿＿＿＿＿＿＿＿＿＿＿＿　＿＿＿＿＿年＿＿＿月＿＿＿日

（三）教师评价（30 分）

由指导教师结合自评与互评的结果进行综合评价，并将评价意见与评分值记录于表 6-6中。

表 6-6　教师评价

教师总体评价意见：

教师评分(30 分)	
总评分 = 自我评分+小组评分+教师评分	

教师签名：＿＿＿＿＿＿　＿＿＿＿＿年＿＿＿月＿＿＿日

 **相关链接**

电梯的平层感应器与平层标准

一、平层感应器的类型与原理

电梯的平层感应器有永磁感应器和光电感应器两种。

1. 永磁感应器

永磁感应器即干簧管感应器，主要由U形永久磁钢、干簧管及盒体组成，如图6-23b所示。其原理是：由U形永久磁钢产生磁场，对干簧管感应器产生作用，使干簧管内的触点动作，其动合触点闭合、动断触点断开（干簧管内部结构见图6-23a）；当隔磁板插入U形永久磁钢与干簧管中间的空隙时，由于干簧管失磁，其触点复位（即动合触点断开、动断触点闭合）。当隔磁板离开感应器后，干簧管内的触点又恢复动作。

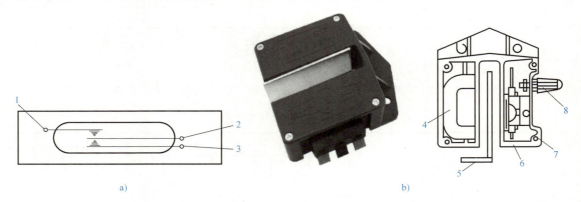

图6-23 永磁感应器的结构

a）干簧管继电器 b）干簧管感应器

1—动合触点 2—切换触点 3—动断触点 4—U形永久磁钢 5—隔磁板 6—干簧管 7—盒体 8—接线端

2. 光电感应器

现在电梯更多使用光电感应器取代永磁感应器，光电感应器的作用与永磁感应器相同。由图6-24可见，光电感应器的发射器和接收器分别位于U形槽的两边，当遮光板插入U形

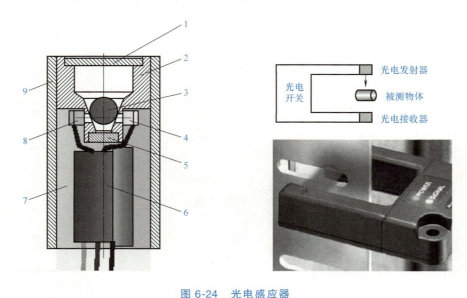

图6-24 光电感应器

1—大盖板 2—机械壳体 3—φ1.5钢球 4—发射管 5—小盖板
6—电路模块 7—环氧胶 8—接收管 9—外筒

槽中时，因光线被遮住而使触点动作。光电感应器较永磁感应器工作可靠，更适合于高速电梯。

二、电梯的平层标准

1. 根据 GB/T 10059—2009《电梯试验方法》

平层准确度：轿厢内分别为轻载和额定载重量，单层、多层和全程上下各运行一次，在开门宽度的中部测量层门地坎上表面与轿门地坎上表面间的垂直高度差。

平层保持精度：轿厢在底层平层位置加载至额定载重量并保持 10min 后，在开门宽度的中部测量层门地坎上表面与轿门地坎上表面间的垂直高度差。

2. 根据 GB/T 10058—2009《电梯技术条件》

电梯轿厢的平层准确度宜在 ±10mm 范围内，平层保持精度宜在 ±20mm 范围内。

学习任务 6.2　电梯的电气控制系统

电气控制系统的组成、功能和原理

基础知识

电梯的电气控制系统概述

1. 电梯电气控制系统的功能

如在"学习任务 6.1"中所述，电梯电气控制系统的功能是对电梯的运行过程实行操纵和控制，保证电梯的正常与安全运行。电梯的运行程序通常是：选层（定向）──关门──起动加速──稳速运行──制动减速──平层停梯──开门。整个过程均由电气控制系统实现自动控制。

2. 电梯电气控制系统的类型

20 世纪 80 年代以前，电梯的电气控制系统基本采用继电器逻辑电路。随着控制技术和元器件的发展，继电器控制系统逐渐被可编程控制器（PLC）控制系统和微型计算机控制系统所代替。

（1）继电器控制系统

继电器控制系统具有原理简明易懂、线路直观、易于掌握等优点。继电器通过触点的分断、闭合进行逻辑判断和运算，进而控制电梯的运行。由于继电器控制系统由大量的电器及其触点组成，不仅接线复杂，且触点易磨损、工作寿命短、故障率高；在控制对象有改变（如楼层数或控制方式有变化）时须重新设计电路，具有维修工作量大、设备体积大、动作速度慢、控制功能少、接线复杂、通用性与灵活性较差等缺点。因此，继电器控制系统已基本被可靠性与通用性更好的 PLC 及微型计算机控制系统所代替。

虽然目前已很少采用继电器控制系统，但学习继电器逻辑电路，仍有助于掌握电梯控制电路的原理和各控制环节的逻辑关系。因此，在随后的"相关链接"中简单介绍继电器控制电路的自动选向和停层控制电路。

（2）可编程控制器（PLC）控制系统

PLC 控制系统具有编程方便、抗干扰能力强、工作可靠性高、易于构成各种应用系统，以及安装维护方便等优点。目前已有多种类型 PLC 控制电梯产品，PLC 控制系统虽然没有微型计算机控制系统功能多、灵活性强，但综合了继电器控制与微型计算机控制的许多优点，使用简便、易于维护。

（3）微型计算机控制系统

当代电梯技术发展的一个重要标志就是将微型计算机应用于电梯控制中。目前主要的电梯产品均以微型计算机控制为主。微型计算机应用于电梯控制主要体现在以下几个方面。

1）微型计算机用于召唤信号处理，完成各种逻辑判断和运算，取代继电器控制和机械结构复杂的选层器，从而提高了系统的适应能力，增强了控制系统的通用性。

2）微型计算机用于控制系统的调速装置，用数字控制取代模拟控制，由存储器提供多条可选择的理想速度指令曲线值，以适应不同的运行状态和控制要求。与模拟调速相比，微型计算机控制可实现各种调速方案，有利于提高运行性能与乘坐舒适感。

3）用于群梯控制管理，实行最优调配，提高运行效率，减少候梯时间，节约能源。由PLC或微型计算机实现继电器的逻辑控制功能，具有较大的灵活性，不同的控制方式可用相同的硬件，只是软件不同。当电梯的功能、层站数变化时，通常无须增减继电器和改动大量外部线路，一般可通过修改控制程序实现。

🔑 相关链接

电梯的继电器控制电路

如上所述，电梯的继电器控制系统已不再生产，仅在一些尚未被淘汰的货梯或客货两用梯中使用。但学习继电器控制电路，将有助于理解电梯自动控制的基本原理，了解各控制环节之间的逻辑关系。所以在此介绍一个五层五站客货两用电梯的（部分）继电器控制电路，该电梯对自动控制最基本的要求有三条：

① 能按照目的楼层自动选择运行方向。

② 到达目的楼层能自动停层。

③ 停层后能自动平层并自动开门。

一、电梯自动选向电路

自动选向电路用于实现上述第①点控制要求，如图 6-25 所示（为使电路原理更为清晰，将部分电器或电器的触点省略），KA10、KA11 和 KA14、KA15 分别为上行（上行辅助）和下行（下行辅助）继电器。

电梯只有上、下两个运行方向，而选择运行方向的依据也只有两个：一是现在要去哪一层，二是电梯轿厢目前位于哪一层。由图 6-25 可见，在 KA10、KA11（上行）和 KA14、KA15（下行）两条支路中，接有代表选层信号的 KA20～KA24（一～五层选层信号继电器）动合触点，以及代表轿厢所在楼层信号的 KA30～KA34（一～五层层楼信号辅助继电器）的动断触点。假设轿厢现在停在三楼，则三楼楼层信号辅助继电器 KA32 的两对动断触点（71-72）、（72-73）都断开，可见，此时若选择去三楼，即使三楼选层信号继电器 KA22 的动合触点（67-72）闭合，无论是上行还是下行电路都不会接通；若选四楼或五楼，则对应的选层信号继电器 KA23 或 KA24 动合触点闭合，接通上行继电器 KA10、KA11；若选一楼或二楼，则 KA20 或 KA21 的动合触点闭合，接通下行继电器 KA14、KA15，从而自动确定运行方向。

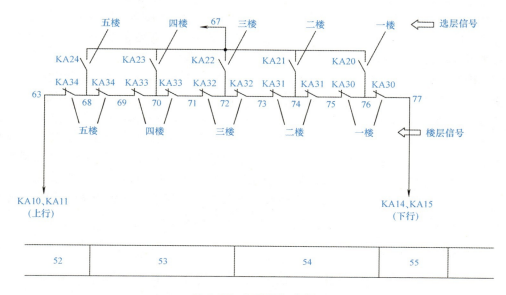

图 6-25　自动选向电路

二、停层控制电路

停层控制电路如图 6-26 所示，由 KT6（停层）和 KT7（停层触发）两只时间继电器组成。该电路用于实现上述的第②点控制要求——自动停层。

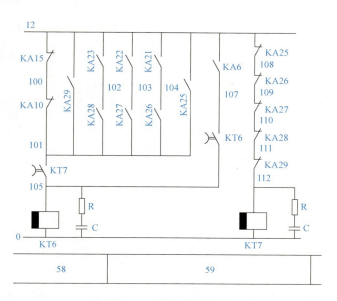

图 6-26　停层控制电路

在 KT7 线圈支路中，串联了一～五层的楼层信号继电器 KA25～KA29 的动断触点，这五个继电器都没有自锁功能，当电梯起动后运行于两层之间时，总有某一时刻五个楼层信号继电器均断电，其动断触点都闭合，从而使 KT7 通电，为停层作准备；而当电梯到达下一层楼时，KA25～KA29 中的一个通电动作，使 KT7 断电，但由于 KT7 有断电延时功能，其动合触点（101-105）要延迟一段时间才断开，这就保证了 KT6 有足够的时间接通并自锁。由于 KT7 的作用是短时接通 KT6 支路，所以被称为"停层触发"继电器。

KT6 称为"停层"继电器，在电梯运行期间，只要 KT6 通电动作，电梯就换速并准备在该楼层平层停靠。确定电梯是否在该层停靠的依据也是两个：一是有无该层的选层信号，二是电梯（轿厢）是否到达该层，两者是"与"的逻辑关系。本例为五层电梯，因此在 KT6 电路中并联了代表 1～5 层的五条支路，其中二、三、四楼为中间层站，每条支路由代表选层信号的 KA21、KA22、KA23 和代表楼层信号的 KA26、KA27、KA28 的动合触点相串联，如果两个动合触点都闭合，说明在该层有选层信号并且已到达该层，所以 KT6 可以接通、准备停层了；而一楼和五楼为终点层站，支路中只有楼层信号继电器 KA25、KA29 的动合触点，说明只要到达终点层站，不管有无选层信号都要停下。

三、电梯一体化控制器

电梯一体化控制器是集操作、控制和驱动系统于一体的控制器，现以"默纳克 NICE1000 电梯一体化控制器"（见图 6-27）为例介绍其结构及电路。

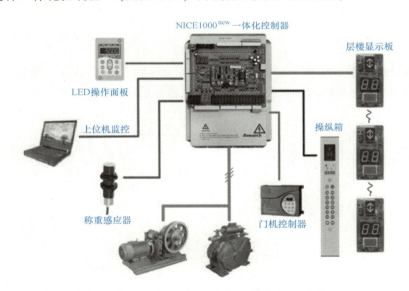

图 6-27　电梯一体化控制系统构成示意图

1. 电梯一体化控制器的结构

电梯一体化控制系统主要由主控制器、层站召唤电路、楼层显示电路等组成。MCTC-MCB 微机控制系统由 MCTC-MCB 微机主控制板（包括 CPU、存储器、时钟电路、输入/输出接口、通信接口、数码显示管等）、内呼系统、外呼系统、主电动机变频控制器、门机变频控制器、层楼显示器、检修电路以及各种驱动执行元件等构成，如图 6-28 所示。

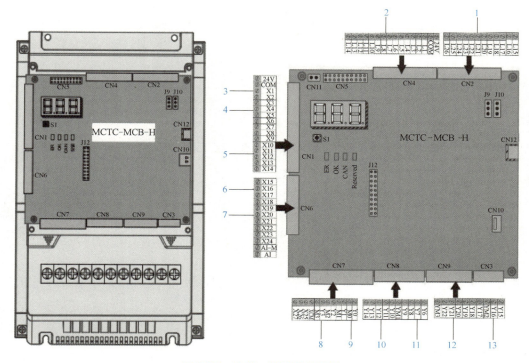

图 6-28　电梯一体化控制系统

1—外呼系统　2—开关门、内呼系统　3—运行、制动反馈　4—检修电路　5—安全、限位
6—门锁反馈　7—应急救援　8—风扇、照明　9—运行、制动接触器　10—楼层显示
11—门机控制　12—报警输出　13—方向显示

电梯一体化控制器安装在电梯的控制柜中，主控制板通过输入/输出接口、通信接口与控制系统的其他功能电路（模块）及各种驱动执行元件连接。在图 6-28 中，X1、X27 和 L1~L4、L10/L16 为输入接口，Y1~Y3、Y6~Y22 为输出接口。

2. 电梯一体化控制器电路

电梯一体化控制器电路主要包括控制器主电路端子接线、主控板接线、扩展板接线及 PG 卡接线四部分。现主要介绍控制器主电路的接线，如图 6-29 所示。主电路接线及端子功能见表 6-7，一体化控制器的铭牌如图 6-30 所示。

表 6-7　主电路接线及端子功能表

标号	名　称	说　明
R、S、T	三相电源输入端子	交流三相电源输入端子
+、-	直流母线正、负端子	37kW 及 37kW 以上控制器外置制动单元连接端子及能量回馈单元连接端子
+、PB(P)	制动电阻连接端子	◆ +、PB 为 37kW 以下控制器制动电阻连接端子 ◆ +、P 为 37kW 及以上功率控制器直流电抗器连接端子(控制器出厂时，+、P 端子自带短接片，若不外接直流电抗器，请勿拆除短接片)
U、V、W	控制器输出驱动端子	连接三相电动机
⏚	接地端子	接地端子

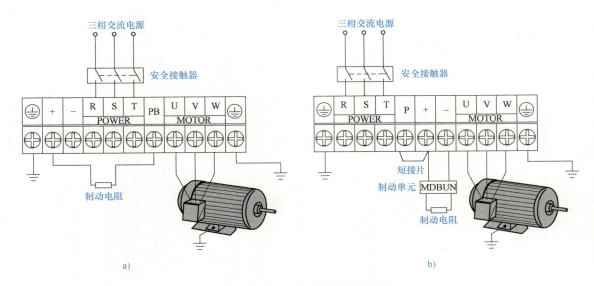

图 6-29　一体化控制器主电路接线

a）37kW 以下机型主电路接线　b）37kW 及以上机型主电路接线

3. 电梯一体化控制器的铭牌（见图 6-30）

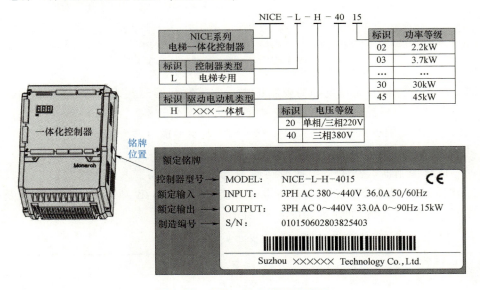

图 6-30　电梯一体化控制器铭牌

四、电梯主控系统工作原理

现以 YL-777 型教学电梯的主控系统为例介绍其电路原理。电路如图 6-31 所示，其工作过程如下（其中，"内部参数设置"详见默纳克公司的《NICE1000 电梯一体化控制器工作手册》）：

开关电源SPS.V-送电 ——→ 接电端子CN1.COM得电 ┐

开关电源SPS.V+送电 ——→ 接电端子CN1.24V得电 ┘ ——→ 为MCTC-MCB-H主控板提供工作电源

├—— 再平层控制板SCB-A1动合触点闭合 ——→ CN1接线端X1得电(内部参数设置为F5-01=03常开) ——→ 电梯检测门区信号是否正常

├—— 运行接触器CC动断触点闭合 ——→ CN1接线端X2得电(内部参数设置为F5-02=104动断) ——→ 接线端CN7.Y1有信号输出(内部参数设置为F7-01=1运行接触器输出) ——→ 运行接触器CC线圈得电运行

├—— 抱闸接触器JBZ动断触点闭合 ——→ CN1接线端X3得电(内部参数设置为F5-03=105动断) ——→ 接线端CN7.Y2有信号输出(内部参数设置为F7-01=1抱闸接触器输出) ——→ 运行接触器JBZ线圈得电运行

├—— 消防开关KFS动合触点闭合 ——→ CN1接线端X7得电(内部参数设置为F5-07=012动合) ——→ 电梯进入消防状态(电梯不再响应召唤指令) ——→ 电梯返回基站 ——→ 开门 ——→ CN7.Y3动合输出点断开 ——→ 节能继电器JAE线圈得电(内部参数设置为F7-03=04、FE-14-BT12=1照明、风扇动合输出) ——→ 节能继电器JAE动断触点电断开 ——→ 轿厢照明与风扇电源断开

├—— 上限位开关ULS动断触点断开 ——→ CN1接线端X9断电(内部参数设置为F5-09=115动断) ┐

├—— 下限位开关DLS动断触点断开 ——→ CN1接线端X10断电(内部参数设置为F5-10=116动断) ┘ ——→ 阻止接线端CN7.Y1和Y2输出点信号输出 ——→ 防止电梯轿厢冲顶和蹾底

接线点COM供电 ——→ 按下锁梯开关LBS动合触点 ——→ 锁梯继电器JST线圈得电 ——→ 锁梯继电器JST动合触点闭合 ——→ CN1接线端X8得电(内部参数设置为F5-08=014动合) ——→ 不再登记新指令(在响应完已登记召唤后,返回锁梯基站) ——→ 停止电梯自动运行,关闭轿厢内照明与风扇

├—— 上减速开关PLU动断触点断开 ——→ CN1接线端X11断电(内部参数设置为F5-11=117动断) ┐

├—— 下减速开关PLD动断触点断开 ——→ CN1接线端X12断电(内部参数设置为F5-12=118动断) ┘ ——→ 降低轿厢冲顶和蹾底的概率

├—— 超载开关OL动合触点闭合 ——→ CN1接线端X13得电(内部参数设置为F5-13=019动合) ┐

├—— 接线端CN9.Y21有信号输出(内部参数设置为F7-21=21蜂鸣器控制输出) ——→ 超载蜂鸣器报警

├—— 接线端CN9.Y22有信号输出(内部参数设置为F7-22=22超载输出显示输出) ——→ 超载指示DCZ接线端通电(显示超载指示)

├—— 轿顶开门限位开关OPL动断触点闭合 ——→ CN1接线端X14得电(内部参数设置为F5-14=122动断) ——→ 阻止接线端CN8.Y6输出点信号输出(内部参数设置为F7-06=06开门输出) ——→ 防止开门到位后门电动机仍然得电

├—— 轿顶关门限位开关CLL动断触点闭合 ——→ CN6接线端X18得电(内部参数设置为F5-14=124动断) ——→ 阻止接线端CN8.Y7输出点信号输出(内部参数设置为F7-07=07关门输出) ——→ 防止关门到位后门电动机仍然得电

├—— 光幕DOBS动断触点断开 ——→ CN6接线端X15断电(内部参数设置为F5-15=126动断) ——→ 阻止接线端CN8.Y7输出点信号输出(内部参数设置为F7-07=07关门输出) ——→ 接线端CN8.Y6有信号输出、电梯开门(内部参数设置为F7-06=06开门输出) ——→ 防止关门过程中乘客进入电梯夹伤乘客

├—— 司机开关ATT动合触点闭合 ——→ CN6接线端X16得电(内部参数设置为F5-16=028动合) ——→ 只能由电梯司机操作电梯运行

├—— 上平层开关LUL动合触点闭合 ——→ CN6接线端X19得电(内部参数设置为F5-19=001动合) ┐

├—— 下平层开关LDL动合触点闭合 ——→ CN6接线端X20得电(内部参数设置为F5-20=002动合) ┘ ——→ 电梯平层

├—— 再平层控制板SCB-A1动合触点闭合 ——→ CN6接线端X17得电(内部参数设置为F5-17=008动合)

├—— 门旁路控制板MSPL动合触点闭合 ——→ CN6接线端X21得电(内部参数设置为F5-21=151动合)

├—— 抱闸验证开关BRF动断触点闭合 ——→ CN6接线端X22得电(参数设为F5-22=006动断,该功能可以取消) ┐

├—— 安全接触器MC动合触点闭合 ——→ CN6接线端X23得电(内部参数设置为F5-23=036动合)

├—— 门锁继电器JMS动合触点闭合 ——→ CN6接线端X24得电(内部参数设置为F5-24=037动合)

└—— 为电梯运行做准备

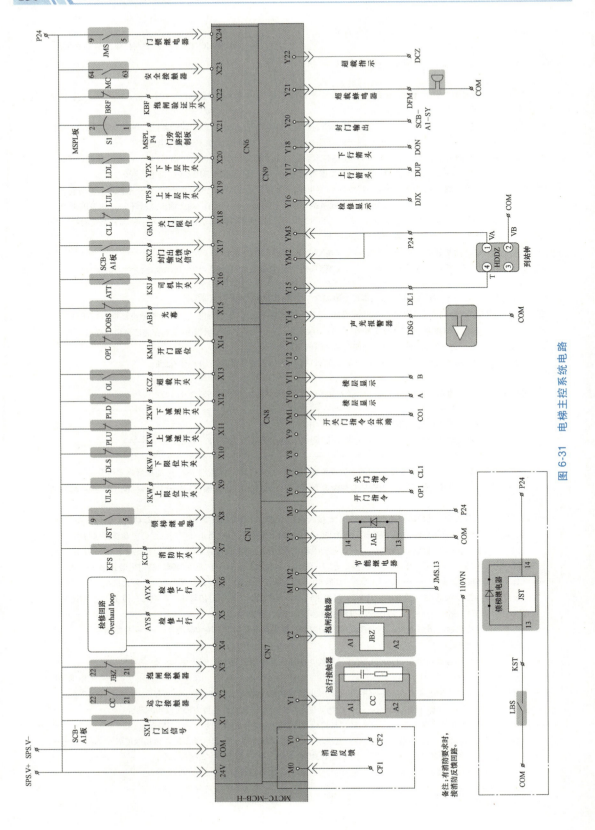

图6-31　电梯主控系统电路

工作步骤

步骤一：参观

在指导教师的带领下参观教学电梯，了解电梯控制系统的构成，并观察在电梯运行过程中控制系统的工作。

步骤二：不同状态下，MCTC-MCB 微机控制系统主板信号显示观察

1）由指导教师对操作的安全规范要求作简单介绍。

2）以 4~6 人为一组，在指导教师的带领下观察由 MCTC-MCB 微机控制的 YL-777 型电梯在不同状态下轿厢的起动与停层的全过程，并将相关操作和微机主板输入与输出信号指示灯状态记录在表 6-8 中。

表 6-8　不同状态下，电梯运行过程主板指示灯状态记录

序号	电梯工作状态	操作记录	主板指示灯状态	备注
1	检修		X	
			Y	
			L	
2	司机		X	
			Y	
			L	
3	自动		X	
			Y	
			L	

3）操作前，各小组必须先制定操作方案，并做好人员分工，经指导老师审批后才能进行操作，操作过程要注意安全。

步骤三：模拟设置故障，观察主控制板故障代码显示

1）先由指导教师对操作的安全规范要求作简单介绍。

2）以 4~6 人为一组，在指导教师的指导下，在 YL-777 型电梯中设置三个故障（例如，将盘车手轮开关 PWS 断开），将主控制板中显示的故障代码记录于表 6-9 中（操作中注意安全）。

表 6-9　故障代码记录

序号	故障设置操作	故障代码	相关记录
1	断开盘车手轮开关(PWS)		
2			
3			

步骤四：分组讨论

学生分组讨论：

1）根据观察电梯电气控制系统的结果与记录，每个人自己口述所观察的结果与学习心得。

2）进行小组互评（叙述和记录的情况），并作记录。

 评价反馈

（一）自我评价（40 分）

由学生根据学习任务完成情况进行自我评价，将评分值记录于表 6-10 中。

表 6-10　自我评价

学习任务	项目内容	配分	评分标准	扣分	得分
学习任务 6.2	1. 参观时的纪律和学习态度	40 分	根据参观时的纪律和学习态度给分		
	2. 观察结果记录	60 分	根据表 6-8、表 6-9 和相关的观察结果记录是否正确和详细给分		
			总评分＝（1、2 项总分）×40%		

签名：_____　_____年____月____日

（二）小组评价（30 分）

由同一实训小组的同学结合自评的情况进行互评，将评分值记录于表 6-11 中。

表 6-11　小组评价

项目内容	配分	评分
1. 实训记录与自我评价情况	30 分	
2. 相互帮助与协作能力	30 分	
3. 安全、质量意识与责任心	40 分	
总评分＝（1～3 项总分）×30%		

参加评价人员签名：_____　_____年____月____日

（三）教师评价（30 分）

由指导教师结合自评与互评的结果进行综合评价，并将评价意见与评分值记录于表 6-12中。

表 6-12　教师评价

教师总体评价意见：
教师评分（30 分）
总评分＝自我评分＋小组评价＋教师评分

教师签名：_____　_____年____月____日

 阅读材料

电梯的其他控制电路

现以 YL-777 教学电梯为例，简单介绍电梯中几个主要的电路工作原理。

一、电梯控制电源电路

电梯控制电源电路如图 6-32 所示。由配电箱总电源开关 QPS 引入 AC 380V 三相五线制交流电源，经主变压器 TR1 降压后分别输出三组电压：AC 110V 供给安全回路和电梯门锁控制回路，DC 110V 供给抱闸控制回路，AC 220V 供给 SPS 开关电源、光幕、门机及控制柜散热风扇等。开关电源 SPS 输出 DC 24V，作为电梯一体机（NICE1000new）控制系统主板、内外楼层召唤、各类传感器，以及电梯各功能反馈的开关量信号电源。

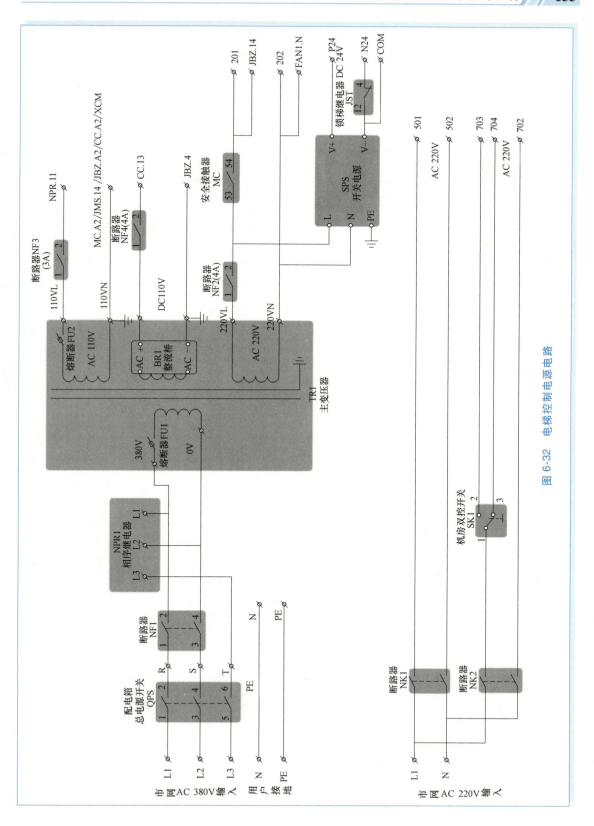

图 6-32　电梯控制电源电路

电路工作过程如下：

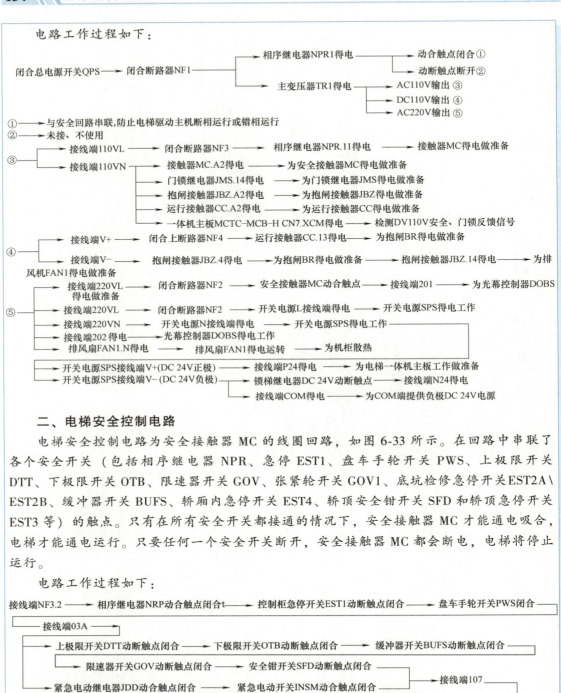

二、电梯安全控制电路

电梯安全控制电路为安全接触器 MC 的线圈回路，如图 6-33 所示。在回路中串联了各个安全开关（包括相序继电器 NPR、急停 EST1、盘车手轮开关 PWS、上极限开关 DTT、下极限开关 OTB、限速器开关 GOV、张紧轮开关 GOV1、底坑检修急停开关 EST2A\EST2B、缓冲器开关 BUFS、轿厢内急停开关 EST4、轿顶安全钳开关 SFD 和轿顶急停开关 EST3 等）的触点。只有在所有安全开关都接通的情况下，安全接触器 MC 才能通电吸合，电梯才能通电运行。只要任何一个安全开关断开，安全接触器 MC 都会断电，电梯将停止运行。

电路工作过程如下：

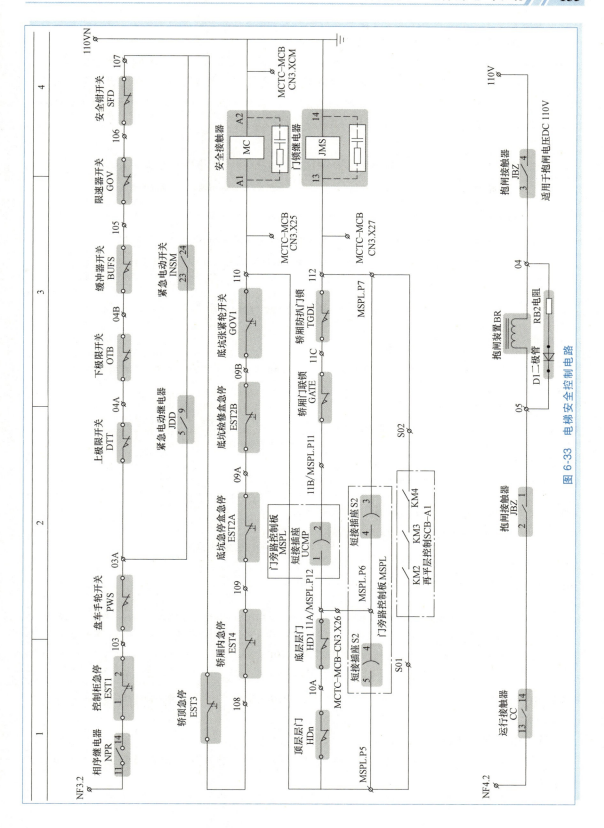

图 6-33 电梯安全控制电路

三、电梯曳引电动机变频控制电路

电梯曳引电动机变频控制电路如图 6-34 所示。通过变频器 INV NICE1000 产生不同的频率，控制电梯在不同工作情况下能够以不同的速度运行。变频器输入的控制信号决定了曳引电动机正转、反转以及速度。电梯运行位置、距离等信息由编码器通过 MCTC-PG-E 电路板与 PM 变频器通信。

电路工作过程如下：

电源 R\S\T 送电 ⟶ 安全接触器MC主触点闭合 ⟶ 一体机NICE1000得电运行

接线端110VN送电 ⟶ 接线端XCM得电 ⟶ 一体机NICE1000new输入点公共端供电

接线端110送电 ⟶ 接线端X25得电 ⟶ 安全回路信号反馈送入NICE1000

接线端11A送电 ⟶ 接线端X26得电 ⟶ 门锁回路1信号反馈送入NICE1000

接线端112送电 ⟶ 接线端X27得电 ⟶ 门锁回路2信号反馈送入NICE1000

一体机NICE1000主电路电源U\V\W送电 ⟶ 运行接触器CC主触点闭合 ⟶ 曳引电动机M得电运行

四、电梯门电动机控制电路

电梯门电动机控制电路如图 6-35 所示。电路通过门电动机的变频控制板控制门电动机的开、关门和变速。

电路工作过程如下：

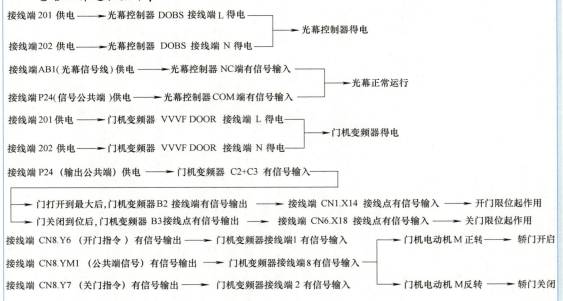

接线端 201 供电 ⟶ 光幕控制器 DOBS 接线端 L 得电

接线端 202 供电 ⟶ 光幕控制器 DOBS 接线端 N 得电

⟶ 光幕控制器得电

接线端 AB1(光幕信号线)供电 ⟶ 光幕控制器 NC端有信号输入

接线端 P24(信号公共端)供电 ⟶ 光幕控制器 COM端有信号输入

⟶ 光幕正常运行

接线端 201 供电 ⟶ 门机变频器 VVVF DOOR 接线端 L 得电

接线端 202 供电 ⟶ 门机变频器 VVVF DOOR 接线端 N 得电

⟶ 门机变频器得电

接线端 P24(输出公共端)供电 ⟶ 门机变频器 C2+C3 有信号输入

门打开到最大后,门机变频器 B2 接线端有信号输出 ⟶ 接线端 CN1.X14 接线点有信号输入 ⟶ 开门限位起作用

门关闭到位后,门机变频器 B3接线点有信号输出 ⟶ 接线端 CN6.X18 接线点有信号输入 ⟶ 关门限位起作用

接线端 CN8.Y6(开门指令)有信号输出 ⟶ 门机变频器接线端1 有信号输入 ⟶ 门机电动机 M 正转 ⟶ 轿门开启

接线端 CN8.YM1(公共端信号)有信号输出 ⟶ 门机变频器接线端8 有信号输入

接线端 CN8.Y7(关门指令)有信号输出 ⟶ 门机变频器接线端 2 有信号输入 ⟶ 门机电动机 M 反转 ⟶ 轿门关闭

五、电梯显示电路

电梯层楼显示器的作用是将电梯的运行方向和所在楼层位置显示在屏面上，其电路如图 6-36 所示。

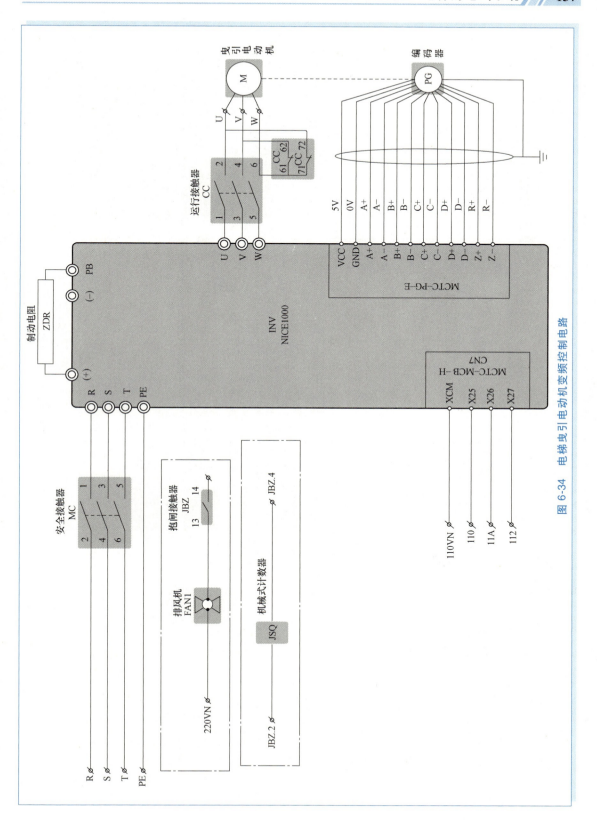

图 6-34　电梯曳引电动机变频控制电路

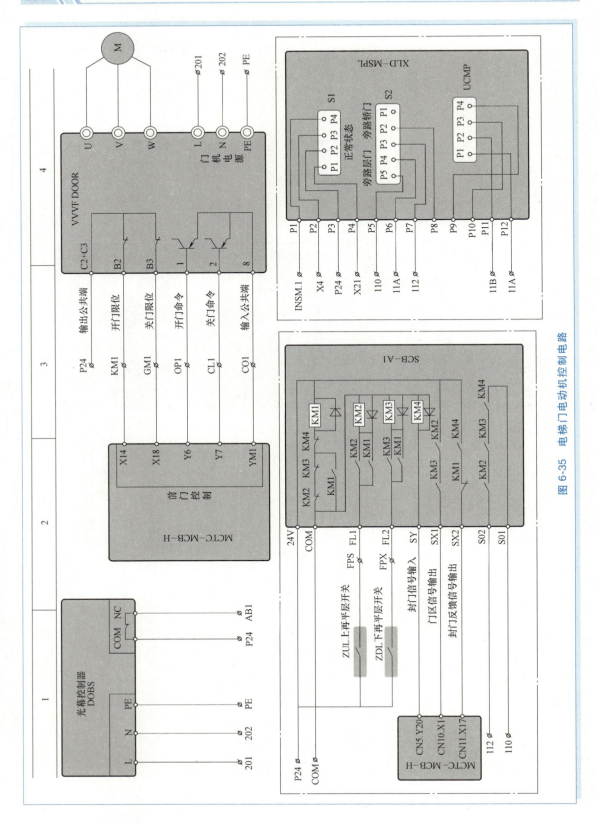

图 6-35 电梯门电动机控制电路

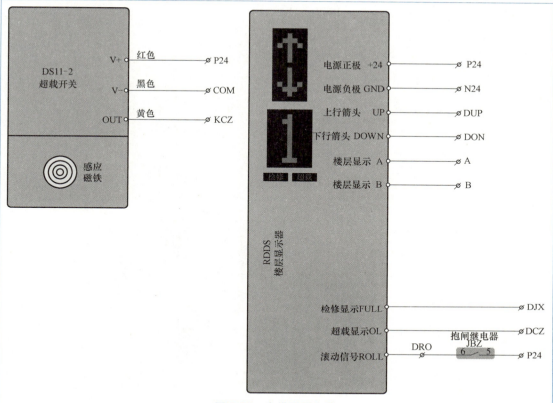

图 6-36　电梯显示电路

电路工作过程如下：

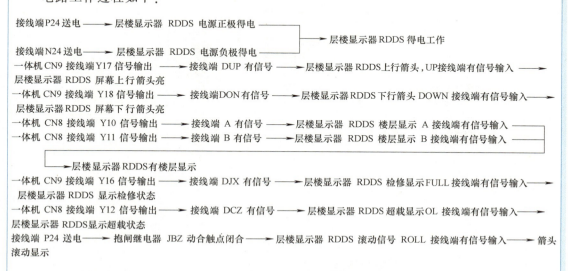

六、电梯检修电路

电梯检修电路如图 6-37 所示。电梯在检修运行时，会取消正常运行时的各种自动操作，轿厢的运行由方向操纵按钮控制。

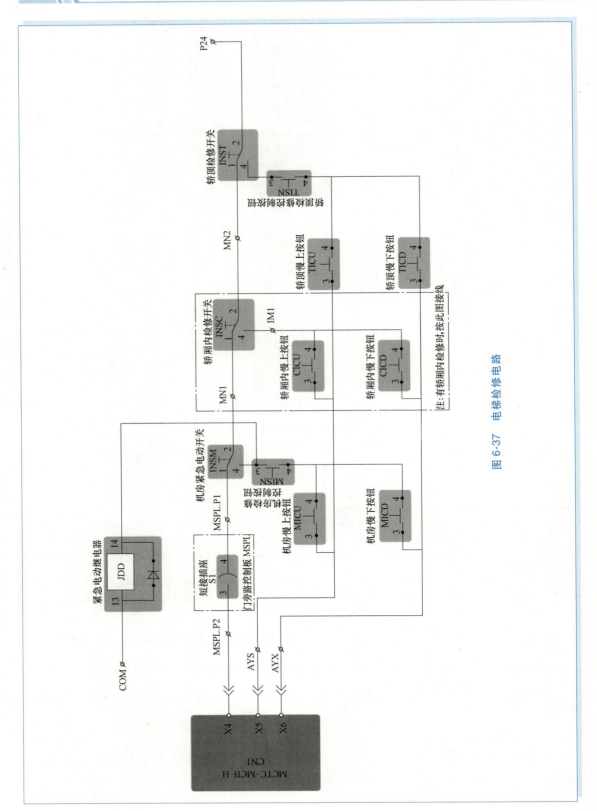

图 6-37 电梯检修电路

电路工作过程如下：

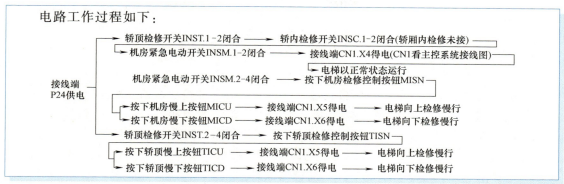

 项目小结

　　本项目主要以电梯电气控制系统（一体化控制器）为中心，介绍了电梯的整个电气系统，包括电梯各部分电路的功能和所使用的各种电器。

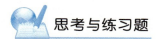 思考与练习题

6-1　填空题

1. 电梯的控制系统主要有＿＿＿＿＿＿＿＿、＿＿＿＿＿＿＿＿和＿＿＿＿＿＿＿＿三种类型。
2. XPM 型电梯控制系统主要可分为＿＿＿＿＿＿＿、＿＿＿＿＿＿＿、＿＿＿＿＿＿＿、＿＿＿＿＿＿＿、＿＿＿＿＿＿＿、＿＿＿＿＿＿＿和＿＿＿＿＿＿＿等各分部电路。
3. 确定电梯运行方向的依据有两个：一是＿＿＿＿＿＿＿＿＿＿＿＿＿＿＿＿＿＿＿＿＿＿＿，二是＿＿＿＿＿＿＿＿＿＿＿＿＿＿＿＿＿＿＿＿＿＿。
4. 所谓"停层"，是指电梯的＿＿＿＿＿＿＿＿＿＿＿＿＿＿＿＿＿＿＿＿运行状态；所谓"平层"，是指电梯的＿＿＿＿＿＿＿＿＿＿＿＿＿＿＿＿＿＿功能。
5. 微机控制系统是用＿＿＿＿＿＿＿代替＿＿＿＿＿＿＿完成对电梯各种功能的控制逻辑。
6. 紧急电动运行时，应使＿＿＿＿＿＿＿的电气安全装置失效。
7. 变压变频（VVVF）调速系统应具有能同时改变供电＿＿＿＿和＿＿＿＿的功能。
8. 有电梯电气设备的金属外壳均应有易于识别的接地端，其接地电阻值不应大于＿＿＿Ω。
9. 电梯安全回路安全开关动作断开，在不停电的情况下，可选择万用表＿＿＿＿＿挡测量安全开关动作断开点。

6-2　选择题

1. 通常所说的变频调速电梯即是（　　）电梯。

A. AC2　　　　　　B. AC3　　　　　　C. ACVV　　　　　　D. VVVF

2. VVVF 电梯是通过（　　）进行调速的。

A. 变极　　　　　　B. 变频调压　　　　　C. 调压　　　　　　D. 调节转差率

3. 在正常运行状态下，如果电梯门未关好，电梯（　　　）。

A. 不能起动运行　　　　　　　　　　　B. 可以起动运行

C. 可以起动，但为慢速运行　　　　　　D. 都不对

4. 电梯微机控制系统的主控制板通过（　　　）与各功能模块联系并实施控制。

A. 通信模块　　　B. 继电器/接触器　　　C. 输入/输出接口　　D. 电源插座

5. 每台电梯应单独装设主电源开关，该开关不应切断下列供电电路（　　　）。

A. 轿厢照明和通风　　B. 电梯主电路电源　　C. 控制电路　　　　D. 安全电路

6. 电梯的主开关可以切断（　　　）的供电电路。

A. 轿厢照明和通风　　　　　　　　　　B. 机房照明和电源插座

C. 曳引电动机　　　　　　　　　　　　D. 报警装置

7. 控制柜的前面应提供不小于（　　　）的空间。

A. 0.6m×0.5m　　B. 0.5m×0.5m　　　C. 0.6m×0.6m　　　D. 0.8m×0.8m

8. 电梯工作时电压波动允许（　　　）。

A. ±7%　　　　　B. ±10%　　　　　　C. ±5%　　　　　　D. ±3%

9. 电梯供电系统应采用（　　　）系统。

A. 三相五线制　　　　　　　　　　　　B. 三相四线制

C. 三相三线制　　　　　　　　　　　　D. 中性点接地的 TN

10. 制动器线圈的控制电路至少用（　　　）个独立的触点串联控制。

A. 1　　　　　　　B. 2　　　　　　　C. 3　　　　　　　D. 4

11. 为了避免驱动电动机起动失败和曳引绳在曳引轮上长时间打滑，曳引驱动式电梯应设有电动机运行（　　　）限制。

A. 电流　　　　　　B. 温度　　　　　　C. 时间　　　　　　D. 转速

12. 由交流电源直接供电的驱动电动机，必须用（　　　）个独立的接触器串联切断电源，电梯运行停止时，若其中一个接触器的主触点未分断，则下一次反向不能起动。

A. 1　　　　　　　B. 2　　　　　　　C. 3　　　　　　　D. 4

13. 当电梯的层门与轿门没有关闭时，电梯的电气控制部分应无法接通，电梯电动机不能运转，实现此功能的装置是（　　　）。

A. 供电系统断相、错相保护装置　　　　B. 超越上、下极限工作位置的保护装置

C. 层门锁与轿门电气联锁装置　　　　　D. 慢速移动轿厢装置

14. 电梯的安全接触器（JDY）回路通常包含安全钳联动开关、（　　　）、极限开关、限速器开关、相序继电器和缓冲器联动开关等安全开关或电器的触点。

A. 急停开关　　　B. 上限位开关　　　C. 超载开关　　　　D. 光幕开关

15. 下列属于安全回路中的安全开关的是（　　　）。

A. 安全钳开关　　　B. 限位开关　　　　C. 光幕开关　　　　D. 超载开关

16. 下列不属于安全回路中的安全开关的是（　　　）。

A. 安全钳开关　　　B. 极限开关　　　　C. 张紧轮断绳开关　　D. 限位开关

17. 平层感应器安装在轿顶横梁上，利用装在轿厢导轨上的隔磁板（遮光板），使感应器动作，控制（　　　）。

A. 轿厢上升　　　　B. 轿厢下降　　　　C. 轿厢速度　　　　D. 平层开门

18. 下列关于平层术语表述不正确的是（　　）。

A. 平层是在平层区域内，使轿厢地坎平面与层门地坎平面达到同一平面的运动

B. 平层区是轿厢停靠上方和下方的一段有限区域，在此区域内可以用平层装置使轿厢运行达到平层要求

C. 平层准确度是轿厢依控制系统指令到达目的层站停靠后，门完全打开，在没有负载变化的情况下，轿厢地坎上平面与层门地坎上平面之间铅垂方向的最大差值

D. 平层保持精度是轿厢依控制系统指令到达目的层站停靠后，门完全打开，在没有负载变化的情况下，轿厢地坎上平面与层门地坎上平面之间铅垂方向的最大差值

19. 电梯轿厢的平层准确度宜在±（　　）mm 的范围内，平层保持精度宜在±（　　）mm 的范围内。

A. 5　　　　　　B. 10　　　　　　C. 20　　　　　　D. 30

20. 测量绝缘电阻应使用（　　）。

A. 指针式万用表　　B. 数字式万用表　　C. 钳形电流表　　D. 绝缘电阻表

21. 测量接地电阻应使用（　　）。

A. 万用表　　　　B. 毫伏表　　　　C. 钳形电流表　　D. 绝缘电阻表

6-3　判断题

1. 交流双速电动机的高速绕组极对数少而低速绕组极对数多。（　　）

2. 当门电锁发生故障，应及时修复，严禁采用短接门电锁的方法继续使用电梯。（　　）

3. 在维修保养检查时，必须使用 36V 以下的安全电压照明。（　　）

4. 按 GB/T 12974—2012《交流电梯电动机通用技术条件》规定，电梯电动机使用最高环境空气温度随季节而变化，但不超过+40℃，最低环境空气温度为+5℃。（　　）

5. 所谓"平层"功能是指电梯能够在所选的楼层停靠。（　　）

6-4　综合题

1. 简述电梯的安全保护设施。

2. 国家标准对电梯的主电源开关有何要求？

3. 国家标准对电梯使用的急停开关有何要求？

4. 简述国家标准对电梯供电电源的要求。

5. 按规定，轿顶、机房等所需的插座应为 2P+PE 型 250V，或根据 GB/T 3805—2008《特低电压（ELV）限值》规定，以安全电压供电。什么是安全电压？

6-5　学习记录与分析

1. 分析表 6-2、表 6-3 中记录的内容，小结观察电梯电气部件的主要收获与体会。

2. 分析表 6-8、表 6-9 中记录的内容，小结观察电梯控制系统运行及排故的主要收获与体会。

6-6　试叙述对本任务的认识、收获与体会。

项目 7　电梯的安全保护系统

项目分析

本项目的主要内容是学习电梯的安全保护系统，掌握电梯安全保护系统的组成、各部分的作用及其相互关系。

建议学时

建议完成本项目用时 12~14 学时。

学习目标

应知

(1) 了解电梯安全系统的组成、原理和作用。
(2) 理解限速器与安全钳的原理与作用。
(3) 理解缓冲器的原理与作用。
(4) 理解端站开关的保护作用。
(5) 了解电梯其他安全保护装置及其作用。

应会

(1) 能够对限速器和安全钳进行拆装和简单的检测、调试。
(2) 认识各种类型的缓冲器，能够对缓冲器进行简单的检测、调试。
(3) 能够识别三种端站开关。

学习任务 7.1　电梯的超速保护装置

超速保护
装置的组
成和原理

基础知识

一、电梯安全保护系统概述

为保证电梯安全可靠地使用，在电梯的设计、制造、安装环节已充分考虑存在的安全风险，并采取各种防护措施。根据 GB 7588—2003《电梯制造与安装安全规范》中的规定，现代电梯必须设有完善的安全保护系统，包括机械安全保护装置和电气安全保护装置，以防止任何不安全情况的发生。在电梯的安全系统中，包括高安全系数的曳引钢丝绳、限速器、安全钳、缓冲器、多重限位开关、防止超载系统及开关门保护系统；其功能主要有关门防撞击和防夹持保护、防开门运行保护、防坠落和超速保护、防轿厢超载保护、防越程蹾底保护、防电气控制元件失效保护、防供电系统断相错相保护、防过载保护、剩余电流保护等。

（一）电梯可能发生的事故和故障

1. 轿厢失控、超速运行

当曳引机电磁制动器失灵，减速器中的轮齿、轴、销、键等折断，以及曳引绳在曳引轮绳槽中严重打滑等情况发生时，正常的制动手段已无法使电梯停止运行，轿厢失去控制，造成运行速度超过额定速度。

2. 终端越位

由于平层控制电路出现故障，轿厢运行到顶层端站或底层端站时，未停车而继续运行或超出正常的平层位置。

3. 冲顶或蹾底

当上终端限位装置失灵时，造成轿厢或对重冲向井道顶部，称为冲顶。

当下终端限位装置失灵或电梯失控时，造成电梯轿厢或对重跌落井道底坑，称为蹾底。

4. 不安全运行

由于限速器失灵、层门和轿门不能关闭或关闭不严时电梯运行、轿厢超载运行、曳引电动机在断相、错相等状态下运行等。

5. 非正常停止

由于控制电路出现故障、安全钳误动作、制动器误动作或电梯停电等原因，都会造成运行中的电梯突然停止。

6. 关门障碍

电梯在关门过程中，门扇受到人或物体的阻碍，使门无法关闭。

（二）电梯安全系统的基本组成

1）超速保护装置：限速器与安全钳。

2）防越程保护装置：端站开关。端站开关包括强迫缓速开关、限位开关和极限开关三个开关，分别起到强迫缓速、切断控制电路、切断动力电源三级保护（详见"学习任务7.2"）。

3）防冲顶和蹾底保护装置：缓冲器。为防止轿厢超越允许的运行行程发生冲顶或蹾底，电梯除设有行程终端限位保护开关之外，在轿厢和对重的下部还设有缓冲器。当发生冲顶和蹾底时，缓冲器能吸收撞击能量，其示意图如图7-1所示（详见"学习任务7.2"）。

4）层门与轿门门锁电气联锁装置。确保在门未可靠关闭时电梯不能运行（详见"项目4"）。

5）门的安全保护装置。层门、轿门设置光电检测或超声波检测装置、门安全触板等（详见"项目4"和"学习任务7.2"）。

6）电梯不安全运行防止系统。包括轿厢超载控制装置、限速器断绳开关及选层器断带开关等。

7）电梯不正常状态处理系统。包括机房曳引机的手动盘车、自备发电机以及轿门手动开关门设备等。

8）供电系统断相、错相保护装置：相序保护继电器等。

9）停电或电气系统发生故障时，轿厢慢速移动装置。

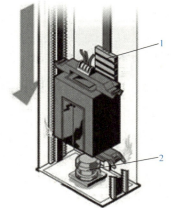

图 7-1 防冲顶和蹾底保护装置

1—对重 2—缓冲器

10）报警装置。轿厢内与外部联系的警铃、电话等。

除上述安全装置外，还有轿顶安全护栏、轿厢护脚板、底坑对重侧防护栏等保护装置。

（三）电梯安全保护装置的动作关系

电梯安全保护装置由机械安全保护装置和电气安全保护装置两大部分组成，但是机械安全保护装置往往也需要电气方面的配合，才能保证电梯运行的安全可靠。整部电梯的安全保护装置动作关系如图 7-2 所示，由图可见：

1）当电梯出现紧急故障时，分布于电梯系统各部位的安全开关被触发，切断电梯控制电路，曳引机制动器动作，制停电梯。

2）当电梯出现极端情况，如曳引钢丝绳断裂、轿厢超速、曳引钢丝绳打滑时，轿厢将沿井道坠落，当到达限速器动作速度时，限速器会触发安全钳动作，将轿厢制停在导轨上。

3）当轿厢超越顶层或底层的平层位置时，首先触发强迫缓速开关减速；如无效则触发限位开关，使电梯控制电路动作将曳引机制停；若轿厢仍未停止，则会触发极限开关强行切断电源，迫使曳引机断电并制停轿厢。

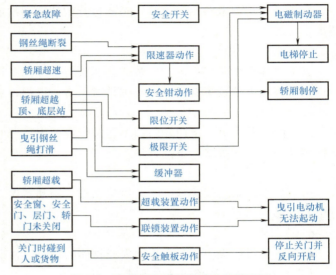

图 7-2　电梯安全保护装置动作关系图

4）当曳引钢丝绳在曳引轮上打滑时，轿厢速度超限会导致限速器动作触发安全钳，将轿厢制停；如果打滑后轿厢速度未达到限速器触发速度，最终轿厢将触发缓冲器减速制停。

5）当轿厢超载并达到某一限度时，轿厢超载开关被触发，切断控制电路，导致电梯无法起动运行。

6）当安全窗、安全门、层门或轿门未能可靠锁闭时，电梯控制电路无法接通，会导致电梯在运行中紧急停车或无法起动。

7）当层门在关闭过程中，其安全触板遇到阻力，则门机立即停止关门并反向开门，稍作延时后重新尝试关门动作，在门未可靠锁闭时电梯无法起动运行。

二、电梯的超速保护装置——限速器和安全钳

（一）限速器-安全钳装置

电梯的超速保护装置主要是限速器-安全钳装置（见图 7-3），它是电梯安全保护系统中的重要部件之一。当运行中的电梯轿厢发生超速（超过电梯额定速度的 115%）时，在所有其他安全保护装置不起作用的情况下，限速器和安全钳将发生联动动作，继而产生机械动作触发限速器开关或安全钳联动开关，从而切断安全回路，使曳引机制停电梯轿厢。如果此时电梯仍然无法制动，则安装在轿底的安全钳动作，将轿厢强制制停。限速器是指令发出者，安全钳是指令执行者。

电梯的超速保护装置包括单向超速保护和双向超速保护，所谓单向超速保护是电梯下行超速时动作，而双向超速保护是上、下行超速时都动作。

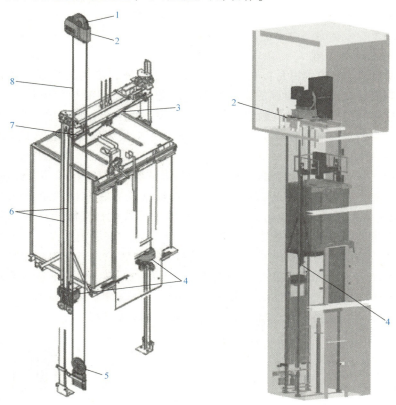

图 7-3　限速器-安全钳装置
1—限速器绳轮　2—限速器　3—安全钳机械连杆　4—安全钳　5—限速器绳张紧轮
6—安全钳提拉杆　7—安全钳操纵杆　8—限速器绳

限速器与安全钳组合方式和工作原理如图 7-4 所示。它主要由限速器、安全钳、限速器绳及绳头、限速器绳张紧轮等组成。限速器一般安装在机房内，限速器绳绕过限速器绳轮后，穿过机房地板上开设的限速器绳孔，竖直穿过井道总高，一直延伸到装设于电梯底坑中的限速器绳张紧轮并形成回路。限速器绳绳头连接到安全钳位于轿顶的连杆系统，并通过一系列安全钳操纵拉杆与安全钳相连。电梯正常运行时，轿厢与限速器绳以相同的速度升降，两者之间无相对运动，限速器绳绕两个绳轮运转；当电梯出现超速并达到限速器设定值时，限速器中的夹绳装置动作，

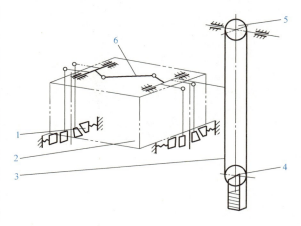

图 7-4　限速器与安全钳组合方式和工作原理
1—安全钳　2—轿厢　3—限速器绳　4—限速器绳张紧轮
5—限速器　6—安全钳操纵拉杆系统

将限速器绳夹住，使其不能移动，但由于轿厢仍在运动，于是两者之间出现相对运动，限速器绳通过安全钳操纵拉杆拉动安全钳制动元件，安全钳制动元件则紧紧地夹持住导轨，利用其间产生的摩擦力将轿厢制停在导轨上，保证了电梯安全。

（二）限速器

1. 限速器的功能与原理

限速器（见图 7-5）的作用是：在电梯运行时，钢丝绳将电梯的垂直运动转化为限速器的旋转运动，当旋转速度超出预调的限定值时，限速器就会切断控制电路或者使安全钳动作；此时，限速器超速开关首先被触发，切断电梯的控制电路，使曳引机的电磁制动器失电而制停电梯。如果制动失效，电梯继续下行，限速器则卡住钢丝绳，迫使安全钳动作，将电梯强行制停在导轨上。

限速器连接在一个行程为整个电梯井道长度的限速器绳的环路上。限速器张紧装置包括限速器绳、限速器张紧轮等，安装在底坑，限速器通常安装在电梯井道顶部的机房内，如图 7-6 所示。限速器绳由轿厢带动运行，限速器张紧轮反映电梯实际运行的速度。当限速器动作时，通过限速器绳使安全钳动作。限速器绳应为柔性良好的钢丝绳，其破断拉力应为操作安全钳所需要拉力的 8 倍。限速器应由张紧轮张紧，张紧轮设有导向装置。在安全钳作用时，即使制动距离大于正常值，限速器绳及附件也应完整无损。装置上还应有断绳开关，以防止断绳或限速钢丝绳伸长拖到地面使限速器失去作用。张紧轮必须能上下浮动，距井道底坑应有合适的高度。一旦张紧轮下落，电梯的控制电路即被切断。

图 7-5 限速器

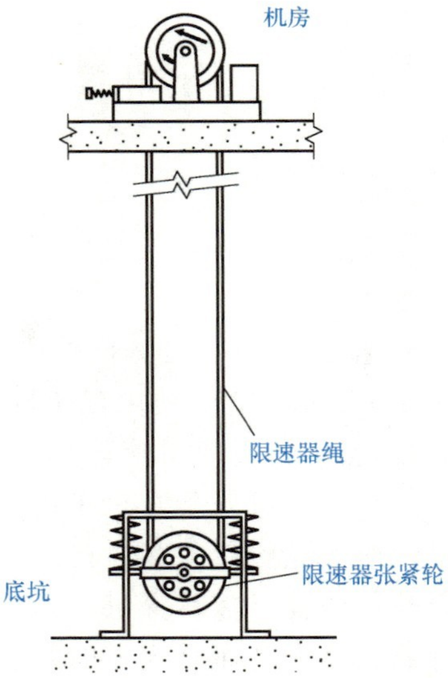

图 7-6 限速器张紧装置

2. 限速器的分类

限速器按其动作原理可分为摆锤式和离心式两种，按其功能又可分为单向限速器、双向限速器、无机房限速器、无机房双向限速器、下置式电梯限速器和后旋张紧装置等多个类型。

（1）摆锤式和离心式限速器

1）摆锤式限速器。摆锤式限速器轮转动时，其摆杆不断地摆动，因此被称为"摆锤式"限速器。摆锤式限速器按结构的形式特点又称为凸轮式限速器，也称为惯性式限速器。根据摆杆与凸轮的相对位置，可分为下摆杆凸轮棘爪式限速器和上摆杆凸轮棘爪式限速器，见表 7-1。

表 7-1　摆锤式限速器

类型	下摆杆凸轮棘爪式限速器	上摆杆凸轮棘爪式限速器
结构	 1—制动轮　2—拉簧调节螺钉　3—制动轮轴 4—调速弹簧　5—支座　6—摆杆 7—限速器绳　8—超速开关	 1—凸轮　2—棘爪　3—摆杆　4—摆杆转轴 5—超速电气开关　6—限速胶轮　7—调速弹簧 8—拉簧调节螺杆　9—限速器绳轮　10—转轴 11—限速器绳　12—机架
外形		
结构区别	按照摆杆与凸轮的相对位置,可分为下摆杆凸轮棘爪式和上摆杆凸轮棘爪式限速器。上摆杆凸轮棘爪式限速器是将摆杆装于限速器较上部位。	
工作原理	上摆杆凸轮棘爪式限速器与下摆杆凸轮棘爪式限速器的工作原理相同,都是利用绳轮上的凸轮在旋转过程中与摆锤一端的滚轮接触,摆锤摆动的频率与绳轮的转速有关,当摆锤的振动频率超过预定值时,摆锤的棘爪进入绳轮的止停爪内,从而使限速器停止运转	
特点	调节调速弹簧的张力,可调节限速器的动作速度。当限速器动作后需要复位时,可使轿厢慢速上行,限速器绳轮(凸轮、棘轮)反向旋转,棘爪与棘齿脱开,安全钳即可复位	
应用	多用在电梯速度不大于 1.0m/s 的低速电梯上	

2) 离心式限速器。离心式限速器是以其旋转所产生的离心力反映电梯的实际速度,可分为甩锤式和甩球式两种,甩锤式又可分为刚性甩锤式和弹性甩锤式,见表 7-2。其特点是

结构简单，可靠性高，安装所需空间小。一般较多使用离心式限速器。

表 7-2　离心式限速器

类型	刚性甩锤式限速器	甩球式限速器	弹性甩锤式限速器
结构	a) 刚性甩锤式限速器	b) 甩球式限速器	c) 弹性甩锤式限速器

1—压绳舌　2—甩锤　3—锤罩　4、8—钢丝绳　5、6—座　7—卡爪　9—三性齿轮
10—连杆　11—甩球　12—电开关　13—夹绳钳

类型	刚性甩锤式限速器	甩球式限速器	弹性甩锤式限速器
外形			
结构区别	离心式限速器是以其旋转所产生的离心力反映电梯的实际速度，又可分为甩锤式和甩球式两种		
工作原理	其甩锤装在限速器绳轮上，电梯运行时，轿厢通过钢丝绳带动限速器的绳轮转动。轿厢的运行速度越大，甩锤的离心力也就越大。当轿厢的运行速度达到其额定速度的115%以上时，甩锤的凸出部位就会挂住锤罩的凸出部位，推动绳轮、锤罩、拨叉、压绳舌往前走一个角度，把钢丝绳紧紧卡在绳轮槽和压绳舌之间，使钢丝绳停止转动	轿厢的运行通过钢丝绳带动限速器的绳轮运行，绳轮通过锥齿轮带动甩球转动。随着轿厢速度的增加，甩球的离心力增大。当轿厢运行的速度达到超速开关动作的速度时，杠杆系统使开关动作，切断电梯的控制电路。如果电梯继续行驶，达到其额定速度的115%时，甩球进一步张开，通过连杆推动卡爪动作。卡爪把钢丝绳卡住，引起安全钳动作，把轿厢卡在导轨上	工作原理与刚性甩锤式限速器相同
特点	通过调整压绳舌上的弹簧张力，可以允许限速器绳被夹后有少许的滑动，减少冲击	甩球式限速器对速度的容量大，反应灵敏，一般都设超速开关，而甩锤式限速器没有超速开关	此类限速器目前在快速、高速电梯上得到了较多使用
应用	多用在速度为 1.0m/s 以下的低速电梯上，单向无机房限速器	适用于各种速度电梯	多用于速度为 1.0m/s 以上的电梯

（2）单向和双向限速器

单向限速器如图 7-7a 所示，在下行超速时动作；双向限速器如图 7-7b 所示，在上、下行超速时都动作。双向限速器要和夹绳器配合使用。永磁同步电动机一般选用单向限速器，因为其本身具有上行限速功能；异步电动机选用双向限速器。

a)　　　　　　　　　　　　　　　　　b)

图 7-7　限速器

a）单向限速器　b）双向限速器

双向限速器的功能：电梯上、下行驶时，限速器绳轮转向相反，上行超速和下行超速分别触动双向限速器左侧或右侧的夹绳臂与夹块，驱动双向安全钳动作，从而实现双向限速功能。

3. 限速器的选用

1）当轿厢向下运行的速度大于额定速度的 110% 时，限速器超速开关首先被触发，切断电梯的控制电路，使曳引电动机和电磁制动器断电制停电梯；当轿厢速度大于额定速度的 115% 时，限速器机械动作，安全钳动作把轿厢制停在导轨上。

2）操纵轿厢安全钳限速器动作速度应不低于电梯额定速度的 115%，且应小于下列数值：

① 对于电梯额定速度不大于 0.63m/s 的电梯，采用刚性夹绳限速器，配置瞬时式安全钳。

② 对于电梯额定速度大于 1m/s 的电梯，采用弹性可滑移夹绳限速器，配置渐进式安全钳。

③ 限速器动作速度调定后，其调节部位应有可靠封记。

④ 限速器动作时，限速器绳的张力不应小于安全钳作用时所需提拉力的两倍，且不小于 300N。对于只靠摩擦力产生张力的限速器，其槽口应经过附加的硬化处理或有一个符合 GB 7588—2003《电梯制造与安装安全规范》中 M2.2.1 要求的切口槽。

4. 限速器钢丝绳的选用

1）限速器的钢丝绳应有足够的强度和耐磨性，其公称直径应不小于 6mm，且限速器绳轮的节圆直径与绳的公称直径之比应不小于 30，安全系数不小于 8。

2）在选取限速器钢丝绳时，最好选用不易扭转、抗松股性能较好的交互捻制形式的钢丝绳，尽量不要选择顺捻的钢丝绳。

3）可采用一些受湿度影响较小的新型电梯用钢丝绳，如采用绳芯是合成纤维材料的钢丝绳。

（三）安全钳

1. 安全钳的功能与原理

电梯安全钳如图7-8a所示，其作用是：当电梯速度超过电梯限速器设定的限制速度，或在曳引钢丝绳发生断裂和松弛的情况下，在限速器的操纵下将轿厢紧急制停并夹持在导轨上。

安全钳操纵拉杆系统由连杆、手柄、操纵杆等组成，限速器绳的动作带动安全钳联动机构，使之动作后拉起操纵杆，进而使位于安全钳座内的楔块向上动作，接触到电梯导轨并产生摩擦，最终带动安全钳的制动元件，使之与电梯导轨也发生接触，并有效夹持导轨制停电梯轿厢，如图7-8b所示。

a)

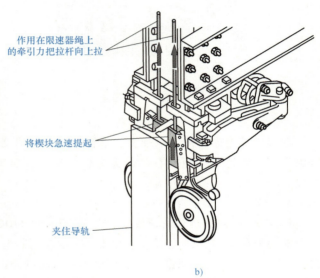

作用在限速器绳上的牵引力把拉杆向上拉

将楔块急速提起

夹住导轨

b)

图7-8 电梯安全钳

a）外形 b）原理

2. 安全钳的种类

目前电梯使用的安全钳根据制停减速度（制停距离）可分为瞬时式安全钳和渐进式安全钳，见表7-3。

（1）瞬时式安全钳

瞬时式安全钳也称为刚性急停型安全钳，瞬时式安全钳按照制动元件的结构形式可分为楔块型、偏心轮型和滚柱型三种。它的承载结构是刚性的，动作时产生很大的制停力，可使轿厢立即停止。瞬时式安全钳的使用特点是，制停距离短，轿厢承受冲击严重，在制停过程中楔块或其他型式的卡块迅速地卡入导轨表面，从而使轿厢瞬间停止。滚柱型瞬时式安全钳的制停时间约为0.1s；而双楔瞬时式安全钳的瞬时制停时间最快时只有0.01s左右，整个制停距离也只有几十毫米乃至几个毫米，轿厢最大制停减速度在 $(5 \sim 10)g$（g 为重力加速度，取9.8m/s）甚至更大，而一般人员所能承受的瞬时减速度为2.5g以下。由于上述特点，采用瞬时式安全钳制停时，电梯及轿厢内的乘客或货物会受到非常剧烈的冲击，导致人员或货物伤损，因此，瞬时式安全钳只能适用于额定速度不超过0.63m/s的电梯。

表 7-3　安全钳

类型	瞬时式安全钳	渐进式安全钳
结构	1—拉杆　2—安全钳座　3—轿厢下梁 4—楔(钳)块　5—导轨　6—盖板楔块	1—导轨　2—拉杆　3—楔块　4—导向楔块 5—钳座　6—弹性元件　7—导向滚柱
外形		
结构区别	渐进式安全钳有一个重要的组成部分,就是滚筒器内装有滚柱	
工作原理	拉杆与限速器绳相连。正常情况下,由于拉杆弹簧的张力大于限速器钢丝绳的拉力,因而安全钳处于静止状态,模块和导轨之间保持一个恒定的(2～3cm)的间隙。当电梯出现故障,轿厢迅速下降时,限速器动作,继而操纵安全钳动作,将轿厢卡在导轨上	渐进式安全钳的工作原理与瞬时式安全钳大体相同。不过这种安全钳装有弹性元件,能使制动力限制在一定的范围内,并使轿厢在制停时有一段滑移距离,从而避免了因轿厢急停而引起的强烈振动
特点	制动距离短,轿厢承受冲击力大,瞬时式安全钳在从限速器卡住钢丝绳到安全钳的模块卡住导轨过程中,轿厢移动的距离很短,一般只有几厘米到十几厘米,因而能造成很大的冲击,也很容易造成导轨的卡痕	当限速器卡住钢丝绳时,停止移动模块与继续下落的滚柱之间产生滚动摩擦。由于模块、滚筒器、塞铁、安全垫头、外壳的形状及装配关系等结构上的原因,轿厢向下滑移一定距离后,塞铁、安全垫头、滚筒器和模块等从两个方向向导轨挤靠,很快就把轿厢卡在导轨上,制止了轿厢的继续下滑
应用	适用于额定速度不超过 0.63m/s 的电梯	适用于额定速度大于 0.63m/s 的各类电梯上

　　瞬时式安全钳的钳座一般用铸钢制成整体式结构,楔块用优质耐热钢制造,表面淬火使其有一定的硬度;为加大楔块与导轨工作面间的摩擦力,楔块工作面常制出齿状花纹。电梯正常运行时,楔块与导轨侧面保持 2～3mm 的间隙,楔块装于钳座内,并与安全钳拉杆相连。电梯正常工作时,由于拉杆弹簧的张力作用,楔块位于固定位置,与导轨侧工作面的间隙保持不变。当限速器动作时,通过传动装置将拉杆提起,楔块沿安全钳钳座斜面上行并与

导轨工作面贴合楔紧，随着轿厢的继续下行，楔紧作用增大，此时，安全钳的制停动作就已经和操纵机构无关了，最终将轿厢制停。为了减小楔块与钳体之间的摩擦，一般可在它们之间设置表面经硬化处理的镀铬滚柱，当安全钳动作时，楔块在滚柱上相对钳体运动。

（2）渐进式安全钳

渐进式安全钳又称为滑移动作式安全钳，或称为弹性滑移型安全钳。它能使制动力限制在一定范围内，并使轿厢在制停时有一定的滑移距离，它的制停力是有控制地逐渐增大或保持恒定值，使制停减速度不致很大。

渐进式安全钳制动开始之后，其制动力并非是刚性固定的，而是增加了弹性元件，使安全钳制动元件作用在导轨上的压力具有缓冲的余地，在一段较长的距离上制停轿厢，有效地使制动减速度减小，保证人员或货物的安全。渐进式安全钳使用在额定速度大于0.63m/s的各类电梯上，其结构、工作原理见表7-3。它与瞬时式安全钳的根本区别在于钳座是弹性结构（弹簧装置），当楔块被拉杆提起时，贴合在导轨上起制动作用，楔块通过导向滚柱将推力传递给导向楔块，导向楔块后侧装有弹性元件（弹簧），使楔块作用在导轨上的压力具有一定的弹性，产生相对柔和的制停作用。增加了导向滚柱可以减小动作时的摩擦力，使安全钳动作后容易复位。

3. 安全钳的使用条件

制停减速度指电梯被安全钳制停过程中的平均减速度。过大的制停减速度会造成剧烈的冲击，使人员、货物以及电梯都受到损伤，因此安全钳对电梯制停的减速度必须加以限制。在GB 7588—2003《电梯制造与安装安全规范》中规定，滑移动作安全钳制动时的平均减速度应在（0.2~1)g，同时还规定了各种安全钳的使用条件：

1）若电梯额定速度大于0.63m/s，轿厢应采用渐进式安全钳。若电梯额定速度小于或等于0.63m/s，轿厢可采用瞬时式安全钳。

2）若轿厢装有数套安全钳，则它们应全部是渐进式的。

3）若额定速度大于1m/s，对重安全钳应是渐进式的，其他情况下可以是瞬时式的。

4）轿厢和对重安全钳的动作应由各自的限速器来控制。若额定速度小于或等于1m/s，对重安全钳可借助悬挂机构的断裂或借助一根安全绳来动作。

5）不得采用电气、液压或气动操纵的装置来操纵安全钳。

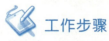 工作步骤

步骤一：观察教学电梯的限速器与安全钳

1. 观察限速器

观察限速器，理解其结构。将观察结果记录于表7-4中。

表7-4　限速器观察记录

品牌		型号		操作控制方式	
额定速度		机械动作速度		下行绳张力	
钢丝绳直径		电气动作速度		上行闸线拉力	
绳轮直径		额定载荷		电梯提升高度适用范围	
张紧装置张紧力		适用位置		驱动方式	
用途					

2. 观察安全钳

观察安全钳，理解其结构。将观察结果记录于表 7-5 中。

表 7-5　安全钳观察记录

品牌		型号		操作控制方式	有、无
额定速度		适用电梯导轨宽度		导轨润滑	有、无
限速器动作速度		提拉系统拉杆提拉力/kg		允许质量 $P+Q$	
适用电梯					

步骤二：拆装安全钳

1）准备工具（可参照图 7-9）。

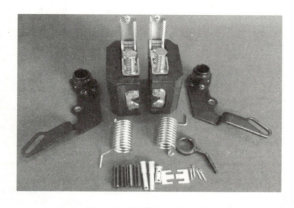

图 7-9　拆装安全钳工具

2）观察安全钳，理解其结构（安全钳的部件分解如图 7-10 所示）。

3）在教师的指导下拆装安全钳。

4）将观察结果与拆装的过程记录于表 7-6 中。

表 7-6　观察与拆装安全钳记录

安全钳的组成部件	1.
	2.
	3.
	4.
	5.
	6.
	7.
	8.
检测仪器	1.
	2.
	3.

（续）

拆装工具	1.
	2.
	3.
	4.
	5.
	6.
拆装步骤	1.
	2.
	3.
	4.
	5.
	6.
	7.
	8.
	9.
	10.
	11.
	12.
	13.

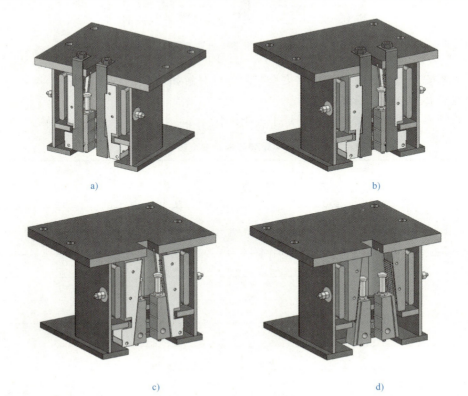

a)　　　　　　　　　　　　　　　　b)

c)　　　　　　　　　　　　　　　　d)

图 7-10　安全钳分解图

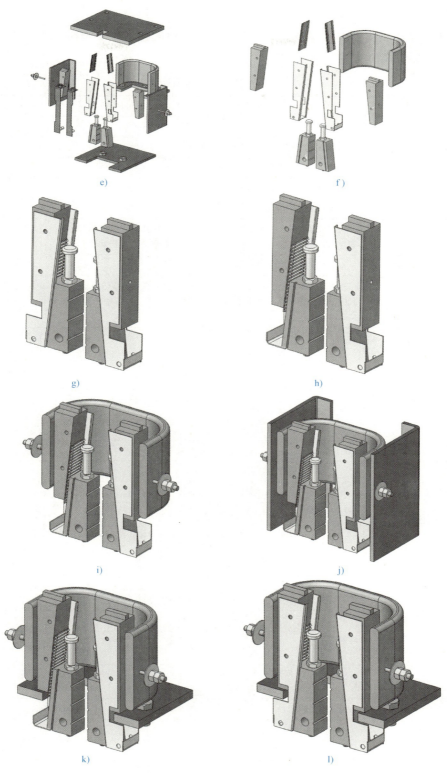

图 7-10　安全钳分解图（续）

步骤三：现场检测记录

教师带领学生到实训电梯现场，指导学生观察电梯限速器、安全钳，并对其进行检测，将结果记录于表 7-7 中。

表 7-7　电梯限速器、安全钳检测记录

组别/工程名称		安装位置编号		检查(测试)日期	年　月　日
检测项目		检测试验内容及其标准要求			检查结果
限速器主参数(铭牌)		与形式试验证书相符,与本电梯匹配			
限速器动作速度整定封记		完好,无缺损及拆动痕迹			
限速器动作方向标志		与轿厢(对重)的实际下行方向(即安全钳动作相应方向)相符			
限速器绳轮色标		外侧轮缘涂黄色漆			
限速器的安装与运转		位置正确,在机房完全可接近;若装在井道内也能从井道外接近;底座牢固,润滑良好,运转平稳,当与安全钳联动时无颤动			
限速器绳轮垂直度		对铅垂线的偏差≤0.5mm			偏差____mm
限速器钢丝绳的张紧装置		安装位置正确,与其限位开关相对位置匹配;张紧适度(一般≥300N,特别是轿厢与对重最小间距为 50mm 时),运行中不得与轿厢(或对重)相碰撞			
限速器钢丝绳至导轨导向面(即侧面)和顶面的距离偏差		在整段中≤10mm			最大偏差____mm
安全钳主参数(铭牌)		与形式试验证书相符,与本电梯匹配			
安全钳可调部件的整定封记		完好,无缺损及拆动痕迹			
安全钳与导轨的间隙		符合生产厂家技术文件规定			
本限速器及安全钳安装位置		□轿厢侧　　　　　□ 对重侧			
限速器型号名称		____型　____式限速器			
限速器主参数		额定速度____m/s,电气开关动作速度____m/s,机械动作速度____m/s			
限速器试验记录	模拟试验条件	使限速器线速度达到____m/s(为额定速度的____%)时,试验电气开关动作状况			
	试验结果	联动试验电气动作□ 可靠/　□ 不可靠 驱动主机□ 是/□ 否,立即制动			
安全钳型号名称		____型,□ 渐进式/□ 瞬时式安全钳			
安全钳适用范围		额定速度 V≤____m/s,总允许质量 $[P+Q]$ =____kg			
轿厢及随行件重量		$P=P_轿+P_缆+P_补$ =____kg		额定载重量	Q =____kg
安全钳试验记录	轿厢内载重量	为____%　Q =____kg		下行速度	____m/s
	试验结果	安全钳试验动作:□ 可靠/□ 不可靠;轿厢(对重)制动:□ 可靠/□ 不可靠,实测轿底倾斜度____%			
检查评定结论	专业工长(施工员)			施工班组长	
	检查测试人员				
	项目专业质量检查员				年　月　日
验收结论	专业监理工程师 (建设单位项目专业技术负责人)				年　月　日

 评价反馈

（一）自我评价（40 分）

由学生根据学习任务完成情况进行自我评价，将评分值记录于表 7-8 中。

表 7-8　自我评价

学习任务	项目内容	配分	评分标准	扣分	得分
学习任务 7.1	1. 限速器、安全钳的观察与记录	30 分	1. 不能完成任务，扣 30 分；不能全部完成，酌情扣 10～20 分 2. 表 7-4 与表 7-5 记录不完整，每项酌情扣 5～10 分 3. 操作不规范，每项酌情扣 3～5 分		
	2. 限速器、安全钳的拆装	30 分	1. 不能完成拆装任务，扣 30 分；不能全部完成，酌情扣 10～20 分 2. 拆装过程不按照步骤，操作不规范，每项酌情扣 5～10 分 3. 表 7-6 记录不完整，每项酌情扣 3～5 分 4. 拆装过程使用工具不规范，每项酌情扣 3～5 分		
	3. 限速器、安全钳的检测	30 分	1. 不能完成检测任务，扣 30 分；不能全部完成，酌情扣 10～20 分 2. 检测过程不按照步骤，操作不规范，每项酌情扣 5～10 分 3. 表 7-7 记录不完整，每项酌情扣 3～5 分		
	4. 职业规范和环境保护	10 分	1. 在工作过程中工具和器材摆放凌乱，扣 1～2 分 2. 不爱护设备、工具，不节省材料，扣 1～2 分 3. 工作完成后不清理现场，工作中产生的废弃物不按规定处置，各扣 1～2 分；若将废弃物遗弃在井道内，扣 4 分		

总评分 =（1～4 项总分）×40%

签名：_____　_____年____月____日

（二）小组评价（30 分）

由同一实训小组的同学结合自评的情况进行互评，将评分值记录于表 7-9 中。

表 7-9　小组评价

项目内容	配分	评分
1. 实训记录与自我评价情况	30 分	
2. 相互帮助与协作能力	30 分	
3. 安全、质量意识与责任心	40 分	

总评分 =（1～3 项总分）×30%

参加评价人员签名：_____　_____年____月____日

（三）教师评价（30 分）

由指导教师结合自评与互评的结果进行综合评价，并将评价意见与评分值记录于表 7-10 中。

表 7-10 教师评价

教师总体评价意见：	
教师评分（30 分）	
总评分＝自我评分＋小组评分＋教师评分	

教师签名：_____ _____ 年____ 月____ 日

学习任务 7.2　电梯的其他安全保护装置

防超越行程
保护的组成
和作用

基础知识

　　在"学习任务 7.1"中学习了电梯的主要保护装置之——超速保护装置限速器与安全钳后，本任务主要学习电梯的缓冲器、端站开关和其他主要的安全保护装置。

一、缓冲器

　　缓冲器安装在井道底坑内，要求其安装牢固可靠，承载冲击能力强，缓冲器应与地面垂直并正对轿厢（或对重）下侧的缓冲板。缓冲器是电梯的最后一道安全保护装置。电梯在运行中，由于安全钳失效、曳引轮槽摩擦力不足、抱闸制动力不足、曳引机出现机械故障、控制系统失灵等原因，轿厢（或对重）超越终端层站底层，并以较高的速度撞向缓冲器，由缓冲器起到缓冲作用，以避免电梯轿厢（或对重）直接蹾底，保护乘客或货物及电梯设备的安全。

　　当轿厢或对重失控下落时，它具有相当大的动能，为尽可能减少和避免损失，就必须吸收和消耗轿厢（或对重）的能量，使其安全减速、平稳地停止在底坑。所以缓冲器的原理就是使轿厢（对重）的动能、势能转化为一种安全的能量形式。采用缓冲器可使运动着的轿厢或对重在一定的缓冲行程或时间内逐渐减速停止（见图 7-1）。

（一）缓冲器的类型

缓冲器按照其工作原理的不同，可分为蓄能型和耗能型两种。

1. 蓄能型缓冲器

　　此类缓冲器又称为弹簧式缓冲器，当缓冲器受到轿厢（对重）的冲击后，利用弹簧的变形吸收轿厢（对重）的动能，并储存于弹簧内部；当弹簧被压缩到最大变形量后，弹簧会将此能量释放出来，对轿厢（对重）产生反弹，此反弹会反复进行，直至能量耗尽、弹力消失，轿厢（对重）才完全静止。

　　弹簧缓冲器如图 7-11 所示，一般由缓冲橡胶、上缓冲座、缓冲弹簧、弹簧座等组成，通过地脚螺栓固定在底坑基座上。

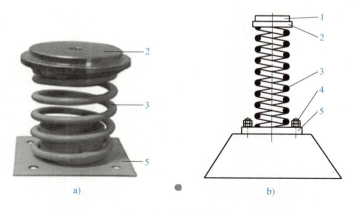

图 7-11　弹簧缓冲器

a）外形　b）结构

1—缓冲橡胶　2—上缓冲座　3—缓冲弹簧　4—地脚螺栓　5—弹簧座

　　为了适应大吨位轿厢，压缩弹簧由组合弹簧叠合而成。行程高度较大的弹簧缓冲器，为了增强弹簧的稳定性，在弹簧下部设有弹簧套或在弹簧中设导向杆，如图 7-12 所示。

　　弹簧缓冲器的特点是缓冲后有回弹现象，存在缓冲不平稳的缺点，所以弹簧缓冲器仅适用于额定速度小于 1m/s 的低速电梯。

　　为了克服弹簧缓冲器容易生锈腐蚀等缺陷，近年来开发了聚氨酯缓冲器（见图 7-13），其广泛应用于中低速电梯中。这种新型缓冲器具有体积小、重量轻、软碰撞、无噪声、防水、防腐、耐油、安装方便、易保养、好维护、可减少底坑深度等特点。

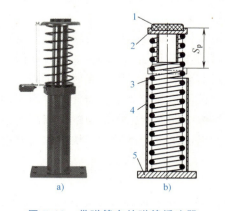

图 7-12　带弹簧套的弹簧缓冲器

a）外形　b）结构

1—缓冲橡胶　2—上缓冲座　3—缓冲弹簧

4—弹簧套　5—弹簧座

图 7-13　聚氨酯缓冲器

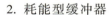

2. 耗能型缓冲器

（1）结构

耗能型缓冲器又被称为油（液）压缓冲器，常用的油压缓冲器结构如图 7-14 所示，其基本结构主要由缸体、柱塞、缓冲橡胶垫和复位弹簧等组成，在缸体内注有缓冲器油。

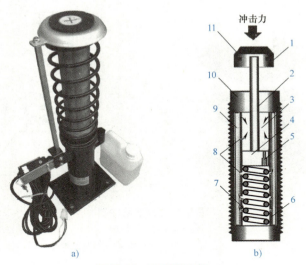

图 7-14　油压缓冲器

a）外形　b）结构

1—受撞头　2—轴心　3—缓冲器油　4—活塞　5—单向阀　6—内管　7—复位弹簧
8—油孔　9—蓄压器　10—外管　11—消声套

（2）原理

当油压缓冲器受到轿厢和对重的冲击时，轴心向下运动，压缩缸体内的油，油通过环形节流孔喷向柱塞腔（沿图 7-14 中箭头方向流动）。当油通过环形节流孔时，由于流动截面积突然减小，就会形成涡流，使液体内的质点相互撞击、摩擦，将动能转化为热量散发掉，从而消耗了轿厢或对重的能量，使轿厢或对重逐渐缓慢地停下来。

由此可见，油压缓冲器是一种耗能型缓冲器，是利用液体流动的阻尼作用缓冲轿厢或对重的冲击。当轿厢或对重离开缓冲器时，轴心在复位弹簧的作用下向上复位，油重新流回油缸，恢复正常状态。由于油压缓冲器是以消耗能量的方式实现缓冲的，因此无回弹作用，同时由于变量棒轴心的作用，活塞在下压时，环形节流孔的截面积逐步变小，能使电梯的缓冲接近均匀减速运动。因而，油压缓冲器缓冲平稳，有良好的缓冲性能，在使用条件相同的情况下，油压缓冲器所需的行程比弹簧缓冲器减少一半，所以油压缓冲器适用于快速和高速电梯，也可用于低速电梯。

（3）分类

常用的油压缓冲器有油孔柱式缓冲器（见图 7-14）、多孔式缓冲器、多槽式缓冲器等，以上三种油压缓冲器的结构虽有所不同，但基本原理相同。

（二）缓冲器的选用

1）缓冲器使用的数量要根据电梯额定速度和额定载重量确定。一般电梯会设置三个缓冲器，即轿厢下设置两个缓冲器，对重下设置一个缓冲器。

2）当载有额定载荷的轿厢自由下落，并以设计缓冲器时所取的冲击速度作用到缓冲器上时，平均减速度不应大于 $1g$，减速度超过 $2.5g$ 以上的作用时间不应大于 $0.04s$。

3）液压缓冲器常用于快速电梯（电梯速度 $1m/s \leqslant v < 2m/s$）与高速电梯（电梯速度 $v \geqslant$

2m/s）中。

4）聚氨酯缓冲器适用于货梯，一般速度较慢，聚氨酯缓冲器最大允许速度为 1m/s。

5）由于油压缓冲器具有缓冲平稳、缓冲性能良好的优点，所以油压缓冲器适用于任何额定速度的电梯，特别是快速和高速电梯。

二、端站开关

（一）端站开关的功能

端站开关的功能是防止电梯因失控使轿厢到达顶层或底层后仍继续行驶（冲顶或蹾底），造成超限运行的事故。端站开关由强迫缓速开关、限位开关和极限开关及相应的碰板、碰轮和联动机构组成，如图 7-15 所示（亦可见图 1-23）。

（1）强迫缓速开关

当电梯运行到最高层或最低层应减速的位置而没有减速时，装在轿厢边的上、下开关碰板首先碰到上强迫缓速开关或下强迫缓速开关并使其动作，强迫轿厢减速运行到平层位置。

（2）限位开关

当轿厢超越应平层的位置 50mm 时，轿厢碰板使上限位开关或下限位开关动作，切断电源，使电梯停止运行（此时可以操作检修开关使电梯点动慢速反向运行，以退出行程极限位置）。

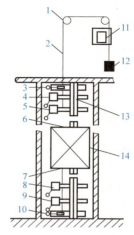

图 7-15 端站开关

1—滑轮 2—钢丝绳 3—上极限开关
4—上限位开关 5—上强迫缓速开关
6—上开关碰板 7—下开关碰板
8—下强迫缓速开关 9—下限位开关
10—下极限开关 11—终端极限开关
12—张紧配重 13—导轨 14—轿厢

（3）极限开关

当以上两个开关均不起作用时，则作为终端保护的最后一道防线，轿厢上的碰板最终会碰到上、下极限开关的碰轮，使终端极限开关动作，切断电源使电梯停下，防止了轿厢冲顶或蹾底。

（二）端站开关的类型

1. 强迫缓速开关

（1）一般强迫缓速开关

如上所述，强迫缓速开关是电梯超越行程限位的第一道防线。强迫缓速开关由上、下两个开关组成，一般安装在井道的顶部和底部（见图 7-16）。

（2）快速梯和高速梯用的端站强迫缓速开关

此装置包括两副用角铁制成、长约 5m，分别固定在导轨上、下端站处的碰板，以及固定在轿顶上具有多组动断触点的特制开关装置两部分组成。开关装置部分如图 7-16 所示。

电梯运行时，设置在轿顶上的开关装置跟随轿厢上、下运行，达到上、下端站之前，开关装置的橡皮滚轮左、右碰撞固定在轿厢导轨上的碰板，橡皮滚轮通过传动机构分别推动预定触点组依次切断相应的控制电路，强迫电梯到达端站之前提前减速，在超越端站一定距离时就立即停靠。

2. 限位开关

限位开关也是由上、下两个开关组成，分别安装在井道顶部和底部，在强迫减速开关之后（见图7-15），是电梯失控的第二道防线。当强迫缓速开关未能使电梯减速停驶，轿厢越出顶层或底层位置后，上、下限位开关动作，切断控制电路，使曳引机断电并使制动器动作，迫使电梯停止运行。

3. 极限开关

（1）极限开关的结构型式

1）电气式极限开关。电气式极限开关采用与强迫缓速开关和终端限位开关相同的限位开关，设置在限位开关之后的井道顶部或底部，用压导板固定在导轨上，当轿厢地坎超越上下端站20mm，且在轿厢或对重接触缓冲器之前动作。其动作是

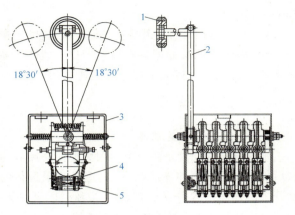

图 7-16　端站强迫缓速开关
1—橡胶滚轮　2—连杆　3—外盒　4—动触点　5—静触点

由装在轿厢上的碰板触发限位开关，切断安全回路电源或断开上行（或下行）主接触器，使曳引机停止转动，轿厢停止运行。

2）机械电气式极限开关。机械电气式极限开关目前已较少使用。这种极限开关是由上、下碰轮，传动钢丝绳以及设置在机房中专门的封闭式开关熔断器组（即图7-15中的终端极限开关）组成。钢丝绳一端绕在终端极限开关的闸柄驱动轮上，另一端与装在井道内的上、下碰轮连接。当轿厢或对重越过行程，尚未接触到缓冲器时，由设置在轿厢上的碰板触发井道上（下）端的碰轮，牵动钢丝绳并带动极限开关闸柄，使极限开关直接切断电梯的总电源（照明电源和报警装置电源除外）。

（2）设置极限开关的注意事项

1）设置在机房中的封闭式开关熔断器组应具有足够的容量，以便能够切断电梯的动力电源。

2）电梯必须设置极限开关，而强迫缓速开关和限位开关则不是必须设置的。

3）因为极限开关是为防止电梯在非正常状态下超越正常行程范围而造成危险而设置的，所以极限开关应在电梯产生非正常的越程时才动作。因此，极限开关必须与正常的端站停止开关采用不同的动作装置。

4）极限开关的作用是为了保护电梯在超出端站位置时能够可靠停车，以免冲顶或蹾底事故的发生。因此要求极限开关尽可能靠近端站位置，以便及时检测到轿厢位置是否出现了异常。但也必须考虑极限开关误动作的情况。

5）因为电梯撞击缓冲器对于电梯本身会产生不利的影响，也给轿厢内乘客带来一定的心理压力，所以应尽可能避免轿厢或对重撞击缓冲器。这就要求极限开关的安装位置应尽可能在轿厢发生超越行程时且还没有撞击缓冲器之前，使轿厢停下来。

6）极限开关动作后，电梯不能自动恢复运行，应由维保人员排除故障后方可投入运行。

三、其他安全保护装置

（一）其他机械安全保护装置

电梯的其他机械安全保护装置主要有电磁制动器、层门门锁安全装置、轿门安全保护装

置、轿厢超载装置、轿顶护栏、底坑对电侧护栏、轿厢护脚板、制动器扳手和盘车手轮等。

1. 电磁制动器（见"学习任务 2.1"）

2. 层门门锁安全装置

乘客进入电梯首先接触到的就是层门。正常情况下，电梯的所有层门都应是紧闭的，只有在轿厢到位（到达本层站）后，本层站的层门才能随着轿门的开启而开启，因此层门门锁安全装置的可靠性将直接关系到乘坐电梯的安全。层门门锁安全装置内容见"任务 4.1"。

3. 轿门安全保护装置

客梯轿门的入口设有安全保护装置，正在关闭的门扇受阻时，门能自动重开，以免在关门过程中夹到人或物。常用的安全保护装置有接触式保护装置和非接触式保护装置两类。现在要求比较高的电梯，同时安装有两类安全保护装置。

（1）接触式保护装置——安全触板

安全触板由触板、控制杆和微动开关组成，如图 7-17 所示。平时触板在自重的作用下凸出门扇 30mm 左右；当门在关闭过程中碰到人或物品时，触板被推入门扇，控制杆转动，上控制杆端部的凸轮压下微动开关，使门电动机迅速反转，门重新被打开，起到保护作用。

（2）非接触式保护装置——光幕

光幕由安装在电梯轿门两侧的红外发射器和接收器、安装在轿顶的电源盒及专用柔性电缆四大部分组成，如图 7-18所示。在发射器内有 32 个（或 16 个）红外发射管，在微控制单元（Micro Controller Unit，MCU）的控制下，发射管和接收管依次通电，自上而下连续扫描轿门区域，形成一个密集的红外保护光幕。当其中任何一束光线

图 7-17　安全触板

被阻挡时，控制系统立即输出开门信号，轿门即停止关闭并反转开启，直至乘客或阻挡物离开警戒区域后，电梯门方可正常关闭。

图 7-18　光幕

4. 轿厢超载装置

乘客从层门、轿门进入轿厢后，轿厢里的乘客人数（或货物）所达到的载重量如果超过电梯的额定载重量，就可能造成电梯超载，甚至引起超载失控，造成电梯超速降落的事故。超载装置的作用是：当轿厢载重超过额定负载时，能发出警告信号并使轿厢不能启动运行，避免意外的事故发生。轿厢超载装置见"任务3.2"。

5. 轿顶护栏

轿顶护栏如图7-19所示，是电梯维修人员在轿顶作业时的安全保护栏。有护栏可以防止维修人员不慎坠落井道，就实践经验来看，设置护栏时应注意使护栏外围与井道内的其他设施（特别是对重）保持一定的安全距离，这样既可以防止人员从轿顶坠落，又避免因扶、倚护栏造成人身伤害事故。

6. 底坑对重侧护栅

为防止人员进入底坑对重下侧而发生危险，在底坑对重侧两导轨间应设防护栅，如图7-20所示。防护栅高度为7m以上，距地面0.5m装设。宽度应不小于两对重导轨外侧之间的距离。无论从水平方向或垂直方向测量，防护网空格或穿孔尺寸均不得大于75mm。

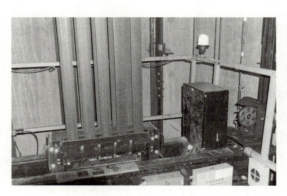

图 7-19　轿顶护栏

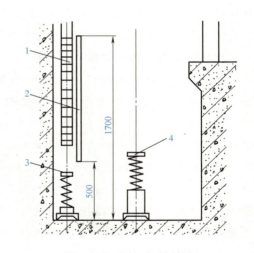

图 7-20　底坑对重侧护栅

1—对重　2—护栅　3—对重缓冲器　4—轿厢缓冲器

7. 轿厢护脚板

当电梯不平层轿厢的地面高于层站地面时，会使轿厢与层门地坎之间产生间隙，这个间隙有使乘客踏入井道、发生人身伤害的可能。为此，国家标准规定，每一轿厢地坎上均需装设护脚板，其宽度是层站入口处的整个净宽。护脚板的垂直部分的高度应不小于0.75m。垂直部分以下成斜面向下延伸，斜面与水平面的夹角大于60°，该斜面在水平面上的投影深度不小于20mm。护脚板用2mm厚铁板制成，装于轿厢地坎下侧且用扁铁支承，以增强机械强度。

8. 制动器扳手和盘车手轮

当电梯停电或发生故障需要对困在轿厢内的乘客进行救援时，就需要手动紧急操作。手动紧急操作包括人工松闸和盘车两个相互配合的操作，所以操作装置包括人工松闸的装置（制动器扳手）和手动盘车的装置（盘车手轮）。如图 7-21 所示，一般盘车手轮应漆成黄色，制动器扳手应漆成红色，挂在附近的墙上，紧急时可随手拿到。

（二）其他电气安全保护装置

其他电气安全保护装置包括供电系统断相、错相保护装置，电气系统的短路和过载保护装置，电气设备的接地保护装置，以及各种起保护作用的电气开关（如急停开关、层门开关、安全关门开关、超载开关、钢带轮的断带开关等，详见"学习任务 6.1"）。

图 7-21　制动器扳手和盘车手轮

工作步骤

步骤一：识别并检测缓冲器

1. 识别各种类型的缓冲器

在教师的指导下，根据表 7-11 的要求对不同类型的缓冲器进行识别。

表 7-11　识别缓冲器

铭牌	标明制造厂名称、型号、规格参数及型式试验机构标识，且铭牌内容与资料应相符
固定	缓冲器应当固定可靠
偏差	撞板与缓冲器的中心偏差≤20mm，同基础两缓冲器顶与轿底距离差≤2mm
液位复位开关	耗能型缓冲器液位应当正确；验证柱塞复位的电气安全装置工作应可靠
缓冲器距离	大于极限开关动作距离且满足轿顶或底坑空间尺寸要求
永久标识	对重缓冲器附近应设永久性明显标识，标明最大允许对重缓冲器距离

2. 缓冲器的检测

在教师的指导下，对缓冲器进行检测、试验，将结果记录于表 7-12 中。

表 7-12　电梯缓冲器检测记录

组别/工程名称		安装位置编号		检查（测试）日期	年__月__日
缓冲器型式			轿厢侧	对重侧	
缓冲器主参数			非金属弹簧缓冲器材质		
检测试验项目	检测试验内容及其标准要求		检测试验结果		
缓冲器型号规格（铭牌）	与本电梯匹配，与型式试验证书相符				
缓冲器型式试验标志					
液压缓冲器柱塞铅垂度偏差（%）	≤0.5		轿厢	对重	
液压缓冲器充液量	充液量正确，液位便于检查				
缓冲距离/mm	轿厢分别在上、下两端站平层位置时，轿厢（或对重）底部撞板与缓冲器顶面的垂直距离应为 ①150～400（液压缓冲器） ②200～350（弹簧缓冲器）		上端站平层时，对重底部撞板与缓冲器顶面距离为____ 下端站平层时，轿厢底部撞板与缓冲器顶面距离为____		

（续）

撞板中心与缓冲器中心偏差/mm	轿厢、对重撞板中心与缓冲器中心偏差≤20	轿厢侧	
		对重侧	
同一基础上安装的两缓冲器,其顶面与轿底对应距离之差/mm	≤2		
轿厢(或对重)的随行缓冲器支座高度/m	若有随行缓冲器,则应在行程末端设碰撞支座,支座高≥0.5	轿厢侧	
		对重侧	
液压缓冲器的复位时间/s	轿厢空载以检修速度下行将缓冲器全压缩,从轿厢脱离缓冲器时起至缓冲器恢复原状所需时间≤120		
安装单位检查评定结论	专业工长(施工员)		施工班组长	
	检查测试人员			
	项目专业质量检查员			年　月　日
	专业监理工程师(建设单位项目专业技术负责人)			年　月　日

步骤二：观察电梯端站开关

1）在教学电梯上观察端站开关的安装位置。

2）由教师操作演示端站开关的保护作用，让学生观察，并记录于表7-13中（也可自行设计记录表格）。

① 强迫缓速开关动作的演示：将电梯上（或下）端站的层楼选层继电器或有关触点断开，人为造成在该层站不停车；电梯在该层站之前相隔两层站开始快速运行，当电梯越过该层站平层位置而碰撞强迫缓速开关的碰轮时，电梯应换速，并很快停下来。

② 限位开关动作的演示：电梯以检修状态慢行，使轿厢上的碰板触发限位开关的碰轮，电梯应停止运行（也可用手扳动限位开关让学生观察）。

注意：①建议不要演示极限开关的作用，且在演示强迫缓速开关和限位开关作用时，要保证极限开关完好；②无论采用何种演示，均应事先进行安全教育并采取保护措施，在操作过程中要绝对注意安全。

表7-13　电梯端站开关保护作用观察记录

名　称	安装位置	功能(作用)
强迫缓速开关		
限位开关		

步骤三：观察电梯其他安全保护装置

1）在指导教师带领下到现场观察电梯其他安全保护装置，从安全保护的角度重新认识与观察，并记录于表7-14中。

表 7-14 电梯其他安全保护装置观察记录

名　称	安装位置	功能(作用)
1.		
2.		
3.		
4.		
5.		
6.		

2）如有条件，在指导教师的带领下，在 YL-777 型电梯实训装置上观看盘车操作演示（由受过规范训练的教师或其他人员演示，学生观看）。

注意：以上操作应注意安全。

 评价反馈

（一）自我评价（40 分）

由学生根据学习任务完成情况进行自我评价，将评分值记录于表 7-15 中。

表 7-15 自我评价

学习任务	项目内容	配分	评分标准	扣分	得分
学习任务 7.2	1. 缓冲器的检测	40 分	1. 不能完成检测任务，扣 40 分；不能全部完成，酌情扣 10~20 分 2. 检测过程不按步骤，操作不规范，每项酌情扣 10~20 分 3. 表 7-12 记录不完整，每项酌情扣 5~10 分		
	2. 端站开关及其他安全保护装置的观察与记录	40 分	根据表 7-13 和表 7-14 的观察结果记录是否正确和详细给分		
	3. 职业规范和环境保护	20 分	1. 在工作过程中工具和器材摆放凌乱，扣 5~10 分 2. 不爱护设备、工具，不节省材料，扣 3~5 分 3. 工作完成后不清理现场，工作中产生的废弃物不按规定处置，各扣 3~5 分；若将废弃物遗弃在井道内，扣 10 分		

总评分 =（1~3 项总分）×40%

签名：＿＿＿＿＿　＿＿＿＿＿年＿＿月＿＿日

（二）小组评价（30 分）

由同一实训小组的同学结合自评的情况进行互评，将评分值记录于表 7-16 中。

表 7-16 小组评价

项目内容	配分	评分
1. 实训记录与自我评价情况	30 分	
2. 相互帮助与协作能力	30 分	
3. 安全、质量意识与责任心	40 分	

总评分 =（1~3 项总分）×30%

参加评价人员签名：＿＿＿＿＿＿＿＿＿＿＿＿＿＿　＿＿＿＿＿年＿＿月＿＿日

（三）教师评价（30分）

由指导教师结合自评与互评的结果进行综合评价，并将评价意见与评分值记录于表7-17中。

表7-17　教师评价

教师总体评价意见：	
教师评分（30分）	
总评分=自我评分+小组评分+教师评分	

教师签名：_____　_____　___年___月___日

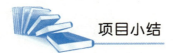

项目小结

本项目介绍了电梯的安全保护系统。电梯作为特殊设备，有着非常严格的安全保护要求，这在国家相关标准中都有明确规定。电梯的安全保护系统包括机械安全保护装置和电气安全保护装置两大部分。本项目较详细地介绍了限速器、安全钳、缓冲器和端站开关等安全保护装置，并从安全保护的角度，巩固学习了一些其他安全保护装置（前面6个项目中已基本介绍过了）。

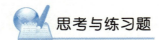

思考与练习题

7-1　填空题

1. 电梯可能发生的事故和故障有_____、_____、_____、_____、_____和_____六大类。

2. 电梯的安全保护系统一般可分为_____安全保护装置和_____安全保护装置两大部分。

3. 电梯的安全保护装置主要有_____、_____、_____、_____、_____和_____等。

4. 为防止人员进入底坑对重下侧而发生危险，在底坑对重侧两导轨间应设防护栅，防护栅高度为_____以上，距地面_____装设。

5. 国家标准规定，每一轿厢地坎上均需装设护脚板，其宽度是层站入口处的整个净宽。护脚板的垂直部分高度应不小于_____。垂直部分以下部分成斜面向下延伸，斜面与水平面的夹角大于_____，该斜面在水平面上的投影深度不小于_____。

6. 三个端站开关（从电梯行程的里面到外面）分别是_____开关、_____开关和_____开关。

7. 极限开关有＿＿＿＿＿＿＿＿＿和＿＿＿＿＿＿＿＿＿两种结构型式。

8. 极限开关的安装位置应尽可能在轿厢发生超越行程且没有＿＿＿＿＿之前使轿厢停下。

9. 电气式极限开关应当在轿厢地坎超越上、下端站＿＿＿＿mm，且轿厢或对重接触缓冲器之前动作。

7-2　选择题

1. 当轿厢超速下行时，一种能够制停轿厢的机械装置是（　　）。

A. 门锁　　　　　　B. 缓冲器　　　　　　C. 限速器　　　　　　D. 安全钳

2. 防止轿厢发生坠落危险的防护安全部件是（　　）。

A. 轿厢架　　　　　B. 轿厢上梁　　　　　C. 轿厢下梁　　　　　D. 安全钳

3. 当电梯额定速度大于 0.63m/s 时，应采用（　　）。

A. 渐进式安全钳　　　　　　　　　　B. 瞬时式安全钳

C. 带缓冲作用的瞬时式安全钳　　　　D. 任何型式的安全钳均可

4. 关于轿厢有数套安全钳的描述正确的是（　　）。

A. 分别采用瞬时式和渐进式　　　　　B. 采用瞬时式

C. 均采用渐进式　　　　　　　　　　D. 一个渐进式和一个瞬时式

5. 轿厢安全钳动作后，防止电梯再起动的电气安全装置是（　　）。

A. 超载开关　　　B. 检修开关　　　C. 停止开关　　　D. 安全钳开关

6. 电梯的安全钳有瞬时式和渐进式两种，以下说法不正确的是（　　）。

A. 额定速度在 1.0m/s 以上的电梯必须采用渐进式安全钳

B. 额定速度在 0.63m/s 以下的电梯可以采用瞬时式安全钳

C. 额定速度在 0.63m/s 以上的电梯可以采用瞬时式或渐进式安全钳

D. 额定速度在 0.63m/s 以上的电梯必须采用渐进式安全钳

7. 电梯的安全钳有瞬时式和渐进式两种，以下说法正确的是（　　）。

A. 额定速度在 0.63m/s 以上的电梯必须采用渐进式安全钳

B. 额定速度在 0.63m/s 以上的电梯必须采用瞬时式安全钳

C. 额定速度在 0.63m/s 以上的电梯可以采用瞬时式或渐进式安全钳

D. 额定速度在 0.63m/s 以下的电梯必须采用渐进式安全钳

8. 对瞬时式安全钳做可靠性动作试验时，应载以均匀分布的载荷，并以（　　）时进行。

A. 额定速度上行　　B. 额定速度下行　　C. 检修速度上行　　D. 检修速度下行

9. 轿厢额定速度为 1.75m/s 时，其下行保护安全钳应选用（　　）式安全钳。

A. 瞬时　　　　　　B. 弹簧　　　　　　C. 渐进　　　　　　D. 偏心

10. 轿厢额定速度为 0.50m/s 时，其下行保护安全钳可选用（　　）式安全钳。

A. 瞬时　　　　　　B. 弹簧　　　　　　C. 渐进　　　　　　D. 偏心

11. 瞬时动作式安全钳适用于额定速度小于等于（　　）m/s 的电梯。

A. 0.63　　　　　　B. 0.8　　　　　　C. 1　　　　　　D. 1.5

12. 限速器的运转反映的是（　　）的真实速度。

A. 曳引机　　　　　B. 曳引轮　　　　　C. 轿厢　　　　　D. 曳引绳

13. （　　）是装在机房内，当电梯的运行速度超过额定速度一定值时，其动作能切断安全回路或进一步导致安全钳或上行超速保护装置起作用，使电梯减速直到停止的自动安全装置。

A. 电磁制动器　　B. 选层器　　　　　C. 限速器　　　　　D. 缓冲器

14. 限速器上的电气安全装置（电气开关）在轿厢上行和下行两个方向（　　）时，均能动作。

A. 超速　　　　　　B. 超载　　　　　　C. 停止　　　　　　D. 平层

15. 如果轿厢和对重都有限速器，则下列说法正确的是（　　）。

A. 如果限速器有此功能，可以利用同一个限速器

B. 必须使用同一个限速器分别作用于轿厢和对重

C. 对重限速器的使用，使轿厢和对重导轨的安装精度要求一致，导轨要求一致

D. 轿厢侧和对重侧必须分别使用限速器

16. 限速器动作时，限速器钢丝绳的张力应不小于抽动安全钳动作力的（　　）倍和300N 两者中的大者。

A. 1　　　　　　　　B. 2　　　　　　　　C. 3　　　　　　　　D. 4

17. 电梯限速器动作时，其电气联锁装置应该（　　）。

A. 动作并能自动复位　　　　　　　B. 动作并且不能自动复位

C. 不动作　　　　　　　　　　　　D. 以上均不对

18. 电梯对重侧装有限速器，其动作速度应（　　）。

A. 小于轿厢侧限速器的动作速度，但不得超过 10%

B. 大于轿厢侧限速器的动作速度，但不得超过 10%

C. 等于轿厢侧限速器的动作速度

D. A 或 B

19. 当轿厢蹾底时，对轿厢起保护作用的安全部件是（　　）。

A. 轿底防振胶　　B. 强迫缓速开关　　C. 极限开关　　　　D. 缓冲器

20. 蓄能型缓冲器用于额定速度不大于（　　）m/s 的电梯。

A. 0.50　　　　　　B. 0.63　　　　　　C. 0.75　　　　　　D. 1.00

21. 下列有关缓冲器表述错误的是（　　）。

A. 蓄能型缓冲器（包括线性与非线性）只能用于额定速度小于或等于 1m/s 的电梯

B. 轿厢在两端平层位置时，轿厢、对重装置的撞板与缓冲器顶面间的距离，耗能型缓冲器应为 150~400mm

C. 轿厢在两端平层位置时，轿厢、对重装置的撞板与缓冲器顶面间的距离，蓄能型缓冲器应为 200~350mm

D. 同一基础上的两个缓冲器顶部与轿底对应距离差不大于 4mm

22. 下列属于电梯行程终端保护开关之一的是（　　）。

A. 限速器开关　　B. 安全钳开关　　　C. 极限开关　　　　D. 急停开关

23. 以下不属于电梯端站开关的是（　　）。

A. 限速器开关　　B. 强迫缓速开关　　C. 限位开关　　　　D. 极限开关

24. 当电梯运行到顶层或底层平层位置后，以防电梯继续运行冲顶或蹾底造成事故的是（　　）。
　　A. 供电系统断相、错相保护装置　　　　B. 行程终端限位保护装置
　　C. 层门锁与轿门电气联锁装置　　　　D. 慢速移动轿厢装置

25. 安装在轿厢与层门之间的（　　），其作用是：当电梯关门时如触板碰到人或物体阻碍关门时，开关动作，使门重新开启。
　　A. 停止装置　　　　　　　　　　　　B. 超载装置
　　C. 防夹安全保护装置　　　　　　　　D. 断带保护

26. 防护层站发生坠落危险的安全部件是（　　）。
　　A. 门头　　　　　B. 门机　　　　　C. 门锁　　　　　D. 门刀

27. 层门自闭装置是防坠落保护的重要部件，有（　　）式和重锤式两种。
　　A. 铰链　　　　　B. 弹簧　　　　　C. 杠杆　　　　　D. 电磁

28. 防护层站门口发生坠落危险的部件有门扇、层门自闭装置和（　　）。
　　A. 门锁　　　　　B. 门头　　　　　C. 门靴　　　　　D. 门导轨

29. 实施层门锁紧的安全装置是（　　）。
　　A. 门扇　　　　　B. 门机　　　　　C. 门锁　　　　　D. 门靴

30. 电梯必须设置停止装置（急停开关）的部位是：轿顶、滑轮间和（　　）。
　　A. 机房　　　　　B. 底坑　　　　　C. 操纵盘　　　　　D. 控制柜

31. 电梯底坑内应有以下装置：（　　）。
　　A. 停止装置、电源插座和底坑灯开关　　B. 停止装置、称量装置和底坑灯开关
　　C. 停止装置、称量装置和灭火器　　　　D. 停止装置、电源插座和灭火器

32. 轿顶停止装置（急停开关）应装在离层门口不超过（　　）m 的位置。
　　A. 0.5　　　　　B. 1.0　　　　　C. 1.5　　　　　D. 2.0

33. 每一层门应设一个用于紧急救援时手动开门的三角形（　　）装置。
　　A. 开锁　　　　　B. 开门　　　　　C. 关门　　　　　D. 包括 A、B、C

34. 保护安装维修人员安全地进出轿顶的电气安全装置是（　　）。
　　A. 轿顶照明开关　　B. 轿顶急停开关　　C. 层门　　　　　D. 门锁

35. 保护安装维修人员安全地进出底坑的电气安全装置是（　　）。
　　A. 底坑照明　　　　B. 井道照明　　　　C. 井道爬梯　　　　D. 底坑急停开关

36. （　　）提供一个特定的信号使正在正常运行的电梯立即降至事先设定的楼层，允许消防员或其他特定的人员使用该电梯。
　　A. 轿厢操纵盘　　B. 层站按钮　　　　C. 轿顶检修盒　　　D. 消防开关

37. （　　）不应装在电梯的底坑内。
　　A. 停止装置　　　B. 电源插座　　　　C. 底坑灯开关　　　D. 称量装置

38. 安全钳与（　　）配合使用，以防止电梯超速运行。
　　A. 缓冲器　　　　B. 限速器　　　　　C. 限位开关　　　　D. 极限开关

39. 下列不属于安全钳类型的是（　　）。
　　A. 重锤式　　　　B. 偏心块式　　　　C. 滚子式　　　　　D. 楔块式

40. 与层门安全性能无关的因素是（　　）。

A. 层门本身的强度

B. 层门宽度

C. 层门的锁闭及证实锁闭的电气安全装置

D. 层门自闭装置

41. 设置在轿门上，在层门、轿门关闭过程中，当有乘客或障碍物触及时，门立刻返回开启位置的安全装置是（   ）。

A. 防火门　　　　　B. 层门　　　　　C. 门锁　　　　　D. 安全触板

42. 轿厢在井道运动时，最先碰撞的保护开关是（   ）。

A. 缓冲器开关　　　B. 强迫缓速开关　　C. 极限开关　　　　D. 限位开关

43. 当极限开关动作时，下列装置中（   ）不能正常工作。

A. 轿厢对讲电话　　B. 轿厢报警按钮　　C. 轿厢应急照明　　D. 开门按钮

44. 电梯速度超过额定速度115%时，（   ）是不正确的。

A. 限速器能限制电梯速度　　　　　　B. 限速器动作使安全钳动作

C. 限速器开关首先动作　　　　　　　D. 安全钳动作将轿厢夹持在导轨上

45. 电梯额定速度为0.5~1.0m/s时，对重底或轿厢下梁撞板至油压缓冲器的越程为（   ）mm。

A. 150~400　　　B. 200~350　　　C. 150~250　　　D. 150~200

46. 弹簧缓冲器用于额定速度为（   ）m/s以下的电梯。

A. 1.0　　　　　　B. 1.5　　　　　　C. 2.0　　　　　　D. 2.5

47. 当液压缓冲器被压下时，其开关动作，切断（   ）回路电源。

A. 慢速　　　　　　B. 快速　　　　　　C. 方向　　　　　　D. 控制

48. 为了确保限速器起到应有作用，限速器钢丝绳直径应不小于（   ）mm。

A. 5　　　　　　　B. 6　　　　　　　C. 7　　　　　　　D. 8

49. 底坑中对重侧应设防护栅栏，其高度不低于（   ）m。

A. 1.5　　　　　　B. 1.8　　　　　　C. 2　　　　　　　D. 2.5

50. 设置井道安全门的条件是（   ），且没有轿厢安全门。

A. 当相邻两层门头到地坎的距离大于11m时

B. 当相邻两层地坎间的距离大于11m时

C. 当相邻两层地坎间的距离大于12m时

D. 无安全窗时

51. 强迫缓速开关动作后，电梯应（   ）。

A. 继续运行　　　　　　　　　　　B. 强迫减速运行到平层位置

C. 强迫停下，可检修慢速运行　　　　D. 强迫停下且不能自动恢复运行

52. 限位开关动作后，电梯应（   ）。

A. 继续运行　　　　　　　　　　　B. 强迫减速运行到平层位置

C. 强迫停下，可检修慢速运行　　　　D. 强迫停下且不能自动恢复运行

53. 极限开关动作后，电梯应（   ）。

A. 继续运行　　　　　　　　　　　B. 强迫减速运行到平层位置

C. 强迫停下，可检修慢速运行　　　　D. 强迫停下且不能自动恢复运行

54. 限位开关在轿厢超越应平层位置（　　）mm 时动作。

A. 20　　　　　　　　B. 30　　　　　　　　C. 40　　　　　　　　D. 50

7-3　判断题

1. 当电梯轿厢速度超过其额定速度 115% 时，限速器就必须起作用。（　　）

2. 渐进式安全钳必须配用刚性夹持的限速器。（　　）

3. 若轿厢装有数套安全钳装置，均应是渐进式的。（　　）

4. 限速器张紧装置设备的自重应不小于 20kg。（　　）

5. 缓冲器中心与轿厢架或对重架的撞板中心的公差应不大于 30mm。（　　）

6. 安全钳动作后，轿厢地板的倾斜度不得超过正常位置的 10%。（　　）

7. 极限、限位、缓速开关的作用是：保证电梯在运行于上、下两端站时不超越极限位置。（　　）

8. 当轿厢平层感应器超越上、下端站电气减速位置时，切断快速运行继电器电源。（　　）

9. 在 TN 供电系统中，电气设备外壳可单独接地。（　　）

10. 电梯必须设置极限开关，而强迫缓速开关和限位开关则不是必须设置的。（　　）

11. 电气式极限开关目前已较少使用。（　　）

12. 极限开关必须与正常的端站停止开关采用相同的动作装置。（　　）

7-4　学习记录与分析

1. 试述电梯安全保护装置的重要作用。

2. 分析表 7-4～表 7-7 中记录的内容，小结拆装与检测电梯的限速器和安全钳的工作步骤、要点，并说一说主要收获与体会。

3. 分析表 7-11 和表 7-12 中记录的内容，小结检测电梯缓冲器的工作步骤、要点，并说一说主要收获与体会。

4. 分析表 7-13 和表 7-14 中记录的内容，小结观察电梯端站开关和其他安全保护装置的主要收获与体会。

5. 小结观看盘车操作的体会。为什么一定要两人配合操作？

7-5　试叙述对本任务的认识、收获与体会。

项目 8   电梯的安全使用和管理

项目分析

　　电梯是安全性能要求很高的设备，为保证电梯的安全运行，按照规范做好日常的使用与管理工作至关重要。通过本项目的学习，使学生学会安全使用电梯，并掌握电梯的日常管理方法。

建议学时

　　建议完成本项目用时 4~6 学时。

学习目标

应知

（1）理解电梯的安全使用规程，会按照电梯安全操作规程进行各项操作。

（2）掌握电梯日常管理的要求。

应会

学会电梯的安全使用和日常管理。

学习任务 8.1　电梯的安全使用

基础知识

　　根据国家的有关规定，电梯属于特种设备。特种设备的设计、制造、安装、使用、检验、维修保养和改造，均须由质量技术监督部门负责质量监督和安全监察。其中的"使用"是指电梯设备的产权单位应当加强电梯的使用管理，按照《中华人民共和国特种设备安全法》和相关法律法规的要求对电梯进行设备注册登记、建立电梯设备档案和日常安全使用的管理工作，并按要求进行电梯定期检验，由专业并取得资格的电梯维修保养和改造的法人单位进行电梯维修保养工作。

一、电梯的安全使用要求

　　电梯是大楼里上下运送乘客或货物的垂直运输设备。管理中特别要注意使用安全，因此必须由持证的电梯安全管理人员或者本单位的特种设备安全管理机构依法建立规章制度。根据本单位电梯的使用特点，确保电梯在使用过程中人身和设备安全是至关重要的。确保电梯在使用过程中人身和设备安全，必须做到以下几点。

　　1）加强对电梯的管理，建立并坚持贯彻切实可行的规章制度。

2）有司机控制的电梯必须配备专职司机，无司机控制的电梯必须配备管理人员。除司机和管理人员外，如果本单位没有维修许可资格，应及时委托有许可资格的电梯专业维修单位负责维修保养。

3）制定并坚持贯彻司机、乘用人员的安全操作规程。

4）坚持监督维修单位按合同要求做好日常维修和预检修工作。

5）司机、管理人员等发现不安全因素时，应及时采取措施直至停止使用。

6）停用超过一周后，重新使用前应经维修单位认真检查和试运行后方可交付继续使用。

7）电梯电气设备的一切金属外壳必须采取保护接地或接零措施。

8）机房内应备有灭火设备。

9）照明电源和动力电源应分开供电。

10）电梯的工作条件和技术状态应符合随机技术文件和有关标准的规定。

二、电梯运行状态

电梯的运行是程序化的，通常电梯都具备有司机运行、无司机运行、检修运行和消防运行四种状态。

1. 有司机运行状态

电梯的有司机运行状态是经过专门训练、有合格操作证的授权操作电梯的人员设置的运行状态。

2. 无司机运行状态

电梯无司机运行状态即由乘客自己操作电梯的运行状态，亦称为自动运行。

3. 检修运行状态

电梯的检修运行状态是只能由经过专业培训并考核合格的人员才能操作电梯的运行状态。此状态时，切断了控制电路中所有正常运行环节和自动开关门的正常环节，电梯只能慢速上行或下行。

4. 消防运行状态

电梯的消防运行状态是在火灾情况下由消防人员操作电梯的运行状态。此状态下，电梯只应答轿厢内指令信号，不应答呼梯信号，且只能逐次地进行。运行一次后将全部消除轿厢内指令信号，再运行又要再一次内选欲去层楼的按钮。在目的层站不自动开门，只有持续按开门按钮才开门，门未完全打开时，松开开门按钮，门会立即自动关闭。关门也是只有持续按关门按钮才会关门，门未完全关闭时，松开关门按钮，门会立即自动打开。

三、电梯操作规程与安全管理制度

电梯操作规程与安全管理制度是由各地区或单位，依据本地区、本单位的具体情况加以制定的。由于各单位电梯制造厂家的不同，规格、型号的不同及使用情况的不同，规程与制度的具体内容也不尽相同。现以国家有关的法律、标准和规范为依据，拟定出电梯司机操作规程与安全管理制度，供有关单位制定时参考。电梯制造厂家有具体规定的，以厂家规定为准。

1. 电梯司机操作规程

1) 一般规则：电梯司机须经安全技术培训并考试合格，取得国家统一格式的特种设备作业人员资格证书，方可上岗，无特种设备作业资格证人员不得操作电梯。

2) 电梯司机应定期进行体检，凡患有心脏病、精神疾病、癫痫、色盲症及聋哑症、有严重肢体残疾的人，不能从事电梯司机工作。

3) 电梯司机应热爱服务性工作，对工作认真，对乘客热情。

4) 电梯司机应了解电梯的原理，熟悉电梯的功能，熟练电梯的操作方法。

5) 电梯司机应爱护设备，做好轿厢、层站处的清洁工作。

6) 电梯司机应配合电梯管理人员和维修人员工作，听从指挥，不违章操作。

2. 有司机运行操作规程

(1) 运行前的工作

电梯司机每天电梯正式运行前，应对电梯进行班前检查，班前检查主要包括外观检查和运行检查。

外观检查的内容有以下几点

① 司机在开启电梯层门进入轿厢之前，务必验证轿厢是否停在该层及检查平层误差情况。

② 进入轿厢后开启照明，检查轿厢是否清洁，层门、轿门、地坎槽内有无杂物、垃圾，轿厢照明灯、电风扇、装饰吊顶、操纵盘等部件是否完好，所有开关是否在正常位置上。

③ 检查层站呼梯按钮及轿厢内、轿厢外层楼指示器是否正常。

④ 查看上一班司机的运行记录。

运行检查也称为试运行，即电梯司机在完成外观检查后，应关好轿门及层门，起动电梯从基站出发上下运行数次并检查以下几点。

① 在试运行中进行单层、多层、端站直驶运行和急停开关试验，并验证操纵盘上各开关按钮运作是否正常，呼梯按钮、信号指示、销号、层楼指示等功能是否正常，检查电梯与外部通信联络装置，如电话、对讲机、警铃等是否正常可靠。

② 运行中要注意电梯有无撞击声等异常声响及特殊气味。

③ 检查电梯门联锁开关工作是否正常，门未闭合电梯不能起动，层门关闭后应不能从外面开启，电梯门开启、关闭应灵活可靠，无颤动、无响声。

④ 要检查电梯运行速度，制动器工作是否正常，电梯停站后轿厢有无滑移情况，轿厢平层误差是否在规定范围之内。

⑤ 以上各项检查合格后，电梯即可投入正常运行，否则应由检修人员进行检修，排除故障后方可使用。

(2) 运行后的工作

① 当班工作完毕，满足所有乘梯要求后，将电梯驶回基站停放。

② 做好当班电梯运行记录，将存在的问题及时报告有关部门及检修人员。

③ 做好轿厢内外的清洁工作。清除层门、轿门地坎槽内的杂物、垃圾。

④ 做好交接班工作，当发现接班人员精神异常时，不可交班；无人接岗时，不可离岗，并及时向有关部门报告。

⑤ 最后一班工作人员下班后，应做好当班电梯运行记录，打扫卫生后锁梯。

3. 无司机运行操作规程

1）轿厢内应挂有电梯使用操作规程和注意事项。

2）管理人员应每天开着电梯运行一两趟，确保电梯处于正常工作状态，才可将电梯置于无司机控制模式；若发现有问题，管理人员一定要及时通知签约维保单位，让其派人来处理，切勿让电梯带故障运行。

3）突然停电时，若电梯没有装设停电就近平层停靠开门装置，应立即派人检查是否有乘员被困电梯轿厢内，如有，则应及时将被困人员救出。

4）电梯的五方通话系统应保持良好工作状态。

4. **乘客操作和使用电梯的方法及注意事项**

1）查看候梯厅情况，按层门右侧呼梯按钮，欲去所在层楼的更高层，则按▲；反之，按▼。

2）轿厢到达本楼层时，由层楼显示的方向箭头▲或▼确认电梯的运行方向。

3）乘坐电梯应有礼貌，做到先出后进。

4）注意电梯门的开启与关闭。轿门开启后数秒钟即自动关闭。若出入轿厢需延长时间，可按住轿厢操作盘上的开门按钮或本层呼梯按钮（▲或▼）不放，直到人员走完或东西运完为止。

5）进入轿厢内，若再无其他人进入，可直接按关门按钮，轿门则立即关闭，此时，按下欲前往楼层的指令按钮。

6）抵达目的层。由轿厢内层楼显示信号确认轿厢所到达的位置，待轿门开启后走出轿厢。

7）严禁超载。当电梯超载时，蜂鸣器会发出警报，超载红灯亮，电梯拒绝关门运行或在关门过程中门重新开启，提示乘客应减少载客量，直到蜂鸣器不响、超载灯灭，方可运行。

8）不要按不相关的按钮。乘客搭载电梯只需按楼层选择按钮及开（关）门按钮，请勿按不相关的按钮。

9）幼童不宜单独乘坐电梯。幼童需由大人陪同搭乘电梯，以免发生意外。

10）轿厢内不准蹦跳、游戏。若乘客在轿厢内蹦跳、游戏，则会使电梯设备的安全装置发生误动作而导致电梯停止运行，致使乘客被困在轿厢内。

11）请用手指操作电梯按钮。用手指操作电梯楼层选择按钮，电梯设备应人人爱护，禁止使用雨伞、手杖等物品敲打按钮，以免电梯发生故障。

12）轿厢内严禁吸烟。

13）严禁强行撬开电梯门，切忌勉强逃生。电梯运行中停电或发生故障时，乘客被困在轿厢内，应立即按警铃或拨打电话（对讲机）通知管理人员并等待救援。绝不可擅自强行扒开轿门，或从轿顶安全窗出逃，以免发生危险。

14）楼内发生火灾或遇到地震时，请勿使用电梯。发生火灾或地震时，使用电梯是非常危险的。

5. **乘客在无司机状态下使用电梯出现紧急情况的处理方法**

电梯运行中发生失控或运行中突然发生停梯事故时，被困在轿厢内的乘客要保持冷静和放松。电梯困住乘客是一种保护状态，乘客在轿厢内没有危险，且通风足够，请立即按报警按钮或用电话（对讲机）通知管理人员，即使没有响应，也请保持冷静，等待救援，绝不可擅自强行扒开轿门或从轿顶安全窗出逃，以免发生危险。

乘客应当按照电梯安全注意事项和警示标志正确使用电梯，不得有下列行为：

① 使用明显处于非正常状态下的电梯。

② 携带易燃、易爆物品或者危险化学品搭乘电梯。

③ 拆除、毁坏电梯的部件、标志或标识。

④ 运载超过电梯额定载重量的货物。

⑤ 其他危及电梯安全运行的行为。

四、电梯检修运行操作规程

1. 检修操纵箱的结构和技术要求

检修运行装置包括检修开关、操作慢速运行的上下方向按钮和停止开关。检修开关按GB 7588—2003《电梯制造与安装安全规范》的要求应设置在轿顶，当轿顶以外的部位，如机房、轿厢内也有检修装置时，必须保证轿顶的检修开关"优先"，即当轿顶检修开关有效时，其他地方的检修运行装置全部暂时失效。

轿厢内的检修开关应用钥匙动作，也可设在有锁的控制盒内。

2. 检修运行的操作方法及注意事项

（1）轿厢内的检修运行操作

1）用钥匙打开操纵盘下面的控制盒。

2）将功能转换开关旋转到检修位置。

3）按关门按钮，将门关好。

4）持续按向上方向（▲）按钮或向下方向（▼）按钮，即可使电梯慢速上行或下行。

5）当松开向上方向（▲）按钮或向下方向（▼）按钮时，电梯即停止运行。

（2）轿顶的检修运行操作

在轿顶检修运行时，一般应不少于两人。

1）用三角钥匙打开轿厢所在层站的上一层站的层门。

2）一人用手挡住层门不让其自闭，另一人将轿顶停止开关按下，使轿厢处于急停状态。

3）两人相互配合上到轿顶安全处。

4）先将检修开关旋转到检修位置，再将停止开关恢复到正常位置。

5）关闭层门。

6）持续按向上方向（▲）按钮或向下方向（▼）按钮，即可使电梯慢速上行或下行。

7）当松开向上方向（▲）或向下方向（▼）按钮时，电梯即停止运行。

（3）检修操作时的注意事项

1）电梯检修运行时，必须由经过专业培训的人员进行，且一般应不少于两人。

2）严禁短接层门门锁等安全装置进行检修运行。

3）检修运行必须注意安全，检修人员要相互配合，做到有呼有应。当检修人员相互间没有联系好时，绝不能检修运行。

4）请勿长距离检修运行，宜走走停停结合运行。

5）当检修运行到某一位置，需对井道内或轿底的某些电气、机械部件进行检修时，操作人员必须切断轿顶检修盒上的停止开关或轿厢操纵盘的停止开关后，方可进行操作。

五、对外联系报警装置的使用和要求

1. 电梯轿厢内的必备设施和说明

1）紧急报警装置（警铃、对讲机或电话）在停电时也可使用，并附有使用说明。

2）应急照明。在轿内正常照明电源中断的情况下自动照亮，应保证能看清报警装置及其说明。

3）在显著位置张贴电梯《安全检验合格》标志。

4）在乘客易于注意的显著位置张贴乘梯注意事项。

2. 电梯报警装置的设置要求

轿厢内应装有紧急报警装置，该装置应采用一个对讲系统以便与救援人员保持联系。当电梯行程大于 30m 及液压电梯机房与井道之间无法直接通过正常对话的方式进行联络时，在轿厢和机房之间应设置对讲系统或类似装置。上述装置应装备停电时使用的紧急电源。

 工作步骤

步骤一：实训准备

由指导教师对电梯的使用与管理规定作简单介绍。

步骤二：电梯使用学习

学生以 3~6 人为一组，在指导教师的带领下使用电梯的各个部分，了解电梯各部分的功能作用，并认真阅读《电梯使用管理规定》或《乘梯须知》等，能正确使用和操作电梯。然后根据所乘用电梯的情况，将学习情况记录于表 8-1 中（可自行设计记录表格）。

表 8-1　电梯使用学习记录

序号	学习内容	相关记录
1	识读电梯的铭牌	
2	电梯的额定载重量	
3	电梯的使用管理要求	
4	其他记录	

> **注意：** 操作过程中要注意安全（如进、出轿厢的安全）。

步骤三：总结和讨论

学生分组讨论：

1）学习电梯使用的结果与记录。

2）每个人口述所观察电梯的基本组成和操作方法。

3）进行小组互评（叙述和记录的情况），并作记录。

阅读材料

阅读材料 8.1 电梯火灾应急救援方法

一、通则

1) 应急救援小组成员应包含 4 人以上，均应持有特种设备主管部门颁发的特种设备作业人员资格证书。

2) 应急救援设备、工具包括：灭火器、建筑物内的消防栓、水管、水枪、水桶、盘车手轮、制动器扳手、电梯层门钥匙、常用五金工具、照明器材、通信设备、单位内部应急组织通信录、安全防护用具、手砂轮/切割设备、撬杠、警示牌等。

3) 在救援的同时要保证自身安全。

4) 发现火灾，应立即向电梯管理单位报警，同时拨打"119"向消防部门报警。

5) 电梯管理单位向电梯维修单位发出应急救援信息，并发布通告，提示建筑物内的人员严禁进入电梯轿厢，否则可能造成生命危险。

二、电梯服务的楼层发生火灾时的应急处理措施

1) 当大楼发生火警时，底层大楼的值班人员或电梯管理人员应立即拨动消防开关，无论电梯处于何种运行状态，均应立即返回基站，开门将乘客疏散，并将情况报告管理机构负责人。

2) 设法使乘客保持镇静，组织疏导乘客离开。将电梯置于"停止运行"状态，关闭层门并切断总电源。

3) 对于有消防功能的电梯，应由消防人员确定其消防功能是否可以使用。如必须使用，则可通过打碎电梯基站消防面板的玻璃，搬动消防开关，或用专业钥匙将安装于底层召唤按钮箱上或电梯轿厢操纵箱上标有"紧急消防运行"字样的钥匙开关接通来启用电梯消防专用功能。对于无此功能的电梯，应立即将电梯直驶到首层，并切断电源，或将电梯停于火灾尚未蔓延的楼层。

4) 当相邻建筑发生火灾时，应立即停梯，以免因火灾造成停电而发生困人事故。

三、电梯井道或轿厢内发生火灾时的应急处理措施

1. 灭火

1) 优先对电梯轿厢、电梯机房、电梯层门周边、电梯井道内的火灾进行扑灭。

2) 对疏散撤离通道上的火灾进行扑灭。

2. 疏散电梯乘客

1) 对电梯及电梯轿厢内的情况进行了解。

电梯及电梯轿厢内情况一般可分为以下五种。

① 空载电梯：电梯轿厢内没有乘客。

② Ⅰ类疏散撤离电梯：电梯轿厢内有乘客，同时电梯可以继续运行。

③ Ⅱ类疏散撤离电梯：具有消防功能的电梯轿厢内有乘客，同时电梯可以继续运行。

④ Ⅲ类疏散撤离电梯：电梯轿厢内有乘客，但是电梯不可以继续运行。

⑤ 消防电梯：建筑物发生火灾时专供消防人员使用的电梯。

2）了解电梯及电梯轿厢内情况的方法如下。

① 利用电梯轿厢内的视频监视系统。

② 利用电梯轿厢内的紧急报警装置。

③ 救援人员敲打电梯层门，直接与电梯轿厢内人员取得联系。

3）将电梯置于非服务状态，防止人员进入电梯轿厢。若为消防电梯，则应使电梯返回消防服务通道层，供消防人员使用。

4）将三类疏散撤离电梯的信息向电梯维修单位的应急救援人员或消防人员通报。

5）Ⅰ类疏散撤离电梯乘客的撤离。

① 告知电梯轿厢内人员：救援活动开始，请大家配合撤离疏散。

② 指挥轿厢内的人员将电梯停靠在安全的层站后打开电梯层门/轿门，乘客撤离轿厢。

③ 如果无法完成救援活动，可向消防人员请求支援。

6）Ⅱ类疏散撤离电梯乘客的撤离。

① 在首层电梯层门侧上方，将电梯的消防开关（见图8-1）置于消防状态，电梯返回首层后，乘客撤离电梯轿厢。

② 附加的外部控制或输入使消防电梯自动返回消防服务通道层，乘客撤离轿厢。

③ 如果无法完成救援活动，可向消防人员请求支援。

7）Ⅲ类疏散撤离电梯（适用于曳引式垂直升降电梯、液压电梯）乘客的撤离。

① 告知电梯轿厢内人员：救援活动已经开始，请大家配合救援，不要扒门，不要试图离开轿厢。

② 切断电梯主电源。

③ 确认电梯轿厢、对重所在的位置，选择电梯准备停靠的层站。

a)　　　　　　　　b)

图 8-1　检查电梯消防开关

a）消防开关　b）将开关置于消防状态

3. 如果无法完成救援活动可向消防人员请求支援

4. 填写《应急救援记录》并存档

阅读材料8.2　触电急救常识

众多的触电抢救实例表明，触电急救对于减少触电伤亡是行之有效的。当人触电后，往往会失去知觉或者出现假死，此时，触电者能否被救治的关键在于救护者是否能及时采取正确的救护方法。当发生人身触电事故时，应该首先采取以下措施。

1. 尽快使触电者脱离电源

如在事故现场附近，应迅速断开电源开关或拔出电源插头，切断电源；如距离事故现场较远，应立即通知相关部门停电，同时使用带有绝缘手柄的钢丝钳等切断电源，或者使用干燥的木棒、竹竿等绝缘物将电源从触电者身上移开，从而使触电者迅速脱离电源。如果触电者身处高处，应考虑到其脱离电源后有坠落、摔跌的可能，所以应同时做好防止人员摔伤的安全措施。如果事故发生在夜间，还应准备好临时照明工具。

2. 检查和抢救触电者

当触电者脱离电源后，应将触电者移至通风干燥的地方，在通知医务人员前来救护的同时，就地检查和抢救。首先，使触电者仰天平卧，松开其衣服及腰带；检查其瞳孔是否放大，呼吸和心跳是否存在；再根据触电者的具体情况采取相应的急救措施。对于没有失去知觉的触电者，应对其进行安抚，使其保持安静；对触电后精神失常的，应防止其发生突然狂奔的现象。

3. 急救方法

1）对失去知觉的触电者，若其呼吸不畅、微弱或呼吸停止而有心跳的，应采用口对口人工呼吸法进行抢救。具体方法是：先使触电者头偏向一侧，清除其口中的血块、痰液或异物，取出口中义齿等杂物，使其呼吸道畅通；施救者深深吸气，捏紧触电者的鼻子，大口地向触电者口中吹气，然后松开触电者鼻子，使之自行呼气，每5s一次，重复进行，在触电者苏醒之前，不可间断。操作方法如图8-2所示。

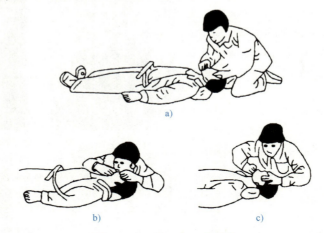

a)

b)   c)

图8-2　口对口人工呼吸法

a）使触电者平躺并将其头后仰，清除口中异物　b）捏紧触电者鼻子，贴嘴吹气
c）松开鼻子，使之自行呼气

2）对有呼吸而心脏跳动微弱、不规则或心跳已停的触电者，应采用胸外心脏按压法进行抢救。具体方法是：先使触电者头部后仰，施救者跪跨在触电者臀部两侧，右手掌置放在触电者的胸部，左手掌压在右手掌上，向下按压3~4cm后，突然放松。按压和放松动作要有节奏，每秒1次（儿童每2s按3次）。按压位置应准确，用力适当，用力过猛会造成触电者内伤，用力过小则无效。对儿童进行抢救时，应适当减小按压力度，在触电者

苏醒之前不可中断。操作方法如图 8-3 所示。

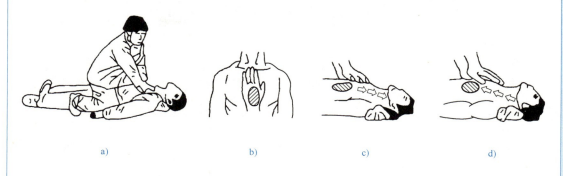

图 8-3　胸外心脏按压法
a）施救者跪跨在触电者臀部两侧　b）手掌按压部位　c）向下按压　d）突然放松

3）对于呼吸与心跳都停止的触电者的急救，应同时采用口对口人工呼吸法和胸外心脏按压法。若施救者只有一人，每做 20 次心脏按压，再做 3 次人工呼吸。

阅读材料 8.3　乘坐自动扶梯注意事项

1）乘坐自动扶梯时，乘客应面朝扶梯的运行方向站立，手握住扶梯的扶手，如图 8-4 所示。

2）乘坐自动扶梯时，脚应站在梯级踏板四周黄线以内，防止裤脚边卷入踏板的缝隙中。

3）乘坐自动扶梯时，身体和各个部位（特别是头和手）不要伸出扶梯外，防止在自动扶梯运行过程中被旁边的障碍物碰伤。

4）不要在自动扶梯上用手推车运送货物；不可推婴儿车直接上自动扶梯，要收好婴儿车，抱着婴儿上自动扶梯。

5）不要在自动扶梯上行走，更不要在已经停驶的自动扶梯上行走。主要原因如下。

图 8-4　正确乘坐自动扶梯

① 在自动扶梯上行走（特别是在运行中的自动扶梯上行走）十分危险，因为办公和住宅楼楼梯的梯级高度为 15～16cm，阶距为 30～31cm，转换成角度约为 27°；而扶梯的梯级高度一般为 21cm，倾斜角度为 30°～35°。人在高梯度、高倾斜度的扶梯上行走不习惯，容易踏空或者脚抬不到位而绊倒。此外，在行走的过程中也容易因挤碰其他乘客而发生意外。

② 在扶梯上行走（以及过去长期宣传的"左行右立"习惯），会造成自动扶梯受力不均匀而加速磨损，影响扶梯的使用寿命。

因此，应改变人们在自动扶梯上"左行右立"的习惯，不要在行驶或停驶的自动扶梯上走动（如果赶时间应走楼梯）；乘坐自动扶梯时应均匀站立，扶好站稳。

学习任务8.2 电梯的日常管理

 基础知识

一、电梯日常管理制度

1）电梯作业人员守则。

2）电梯安全管理和作业人员职责。

3）电梯司机安全操作规程。

4）电梯日常检查和维护安全操作规程。

5）电梯日常检查制度。

6）电梯维修保养制度。

7）定期报检制度。

8）作业人员及相关运营服务人员的培训考核制度。

9）意外事件和事故的紧急救援预案与应急救援演习制度。

10）安全技术档案管理制度。

二、电梯日常管理措施

1. 日常工作时电梯的管理措施

1）巡视时，要检查电梯轿门和每层层门地坎有无异物。

2）每天上班后电梯运行前，用清洁软质棉布（最好是VCD擦拭头）轻拭光幕。

3）如发现有小孩在电梯玩耍，要立即劝阻并让其立即离开。

4）当有小孩一起乘电梯时，要特别注意，避免引起意外事故。

5）发现有人连续按电梯呼梯按钮时，要告知其正确的使用方法：只要按钮灯亮，就表示指令已经输入，不需要重复按；例如，要下行，只需按下行按钮即可，如果上、下行按钮都按，反而会影响电梯使用效率。

6）当有较多乘客乘电梯时，可帮助按住电梯门安全挡板或挡住光幕，也可按住上行（或下行）按钮，待所有乘客完全进入电梯后，电梯司机方可进入。

7）提醒乘客乘坐电梯时，不要靠紧轿门。

2. 电梯故障时的管理措施

1）发现电梯在开关门或上下运行中有异常声响或气味，要立即停止使用或就近停靠后停用，并通知维修人员。

2）如果发现电梯不能正常运行，要立即停用（打开操纵箱，按下停止开关）。

3）每次停止使用前，都要检查轿内是否有乘客。

4）在电梯层门口布置人员，如果乘客携带重物时，要协助其搬运。

3. 电梯在保养或维修时的管理措施

1）在电梯层门口设置告示牌。

2）在电梯层门口布置人员，如果乘客携带重物时，要协助其搬运。

三、电梯应急管理

1. 电梯突然停电时的处理方法

1）迅速检查轿内是否有人。

2）如果电梯困人，迅速启动"电梯困人应急救援程序"。

3）在完成检查或救人后，要在电梯层门口设置告示牌。

4）在电梯层门口布置人员，如果乘客携带重物时，要协助其搬运。

2. 电梯突然停止运行时的处理方法

1）通知电梯维修人员。

2）迅速检查轿内是否困人。

3）如果困人，迅速启动"电梯困人应急救援程序"。

4）完成检查或救人后，要在电梯层门口布置人员，如果乘客携带重物时，要协助其搬运。

3. 电梯井道进水的处理方法（分为两种情况）

1）电梯已经进水，且停在某层不动。

① 迅速检查电梯是否困人，同时通知维修人员。

② 如果困人，迅速启动"电梯困人应急救援程序"。

③ 到机房关闭电源。

④ 通过手动盘车的方式将轿厢移到比进水层高的地方。

⑤ 阻止水继续进入电梯，清扫层门口的积水。

⑥ 在电梯层门口设置告示牌，等待维修人员检查或修理。

⑦ 在电梯层门口布置人员，如果乘客携带重物时，要协助其搬运。

2）电梯刚进水，而且还在继续进水。

① 迅速将电梯开至电梯使用的最高层楼，并断开急停开关。

② 到机房切断电源，通知维修人员。

③ 阻止水继续进入电梯，切断水源。

④ 在电梯层门口设置告示牌，等待维修人员检查或修理。

⑤ 在电梯层门口布置人员，如果乘客携带重物时，要协助其搬运。

4. 电梯底坑进水的处理方法

1）当底坑区域存在漏电危险时，决不允许进入有积水或潮湿的底坑。进行检查或实施工作之前，必须将积水清理干净或将电源切断并挂牌上锁。

2）通知用户，设置护栏，确定轿内无人后切断主电源。当底坑出现少量进水或渗水时，应将电梯停在二层以上，断开总电源开关。

3）当楼层发生水淹而使井道或底坑进水时，应将轿厢停于进水层的上两层，停梯断电以防止轿厢进水。

4）当底坑井道或机房大量进水时，应立即停梯，断开总电源开关，防止短路、触电事故的发生。

5）清除积水：若水是从底层层门口渗入，则将底坑积水抽干；若水是从井道处渗入，则需查明水源，堵住漏洞，配合用户将积水抽干。

6）对曾浸水的电梯应采取如擦拭、热风吹干、自然通风、更换线管等方法进行除湿处理。若电气设备曾浸过水，要先测量其绝缘电阻，并视具体情况考虑更换元器件。

7）在确认浸水已消除、绝缘电阻符合要求并经试梯无异常后，方可投入运行。对计算机控制的电梯，更需仔细检查，以免烧毁电路板。

8）完成电梯进水处理后，要详细填写检查报告，对浸水原因、处理方法、防范措施记录清楚并存档。

5. 台风季节、暴雨季节电梯的管理

1）检查楼梯口的所有窗户是否完好、关闭。

2）将备用电梯开到顶层，停止使用，并关闭电源。

3）检查机房门窗及顶层是否渗水，如果渗水，要迅速通知电梯管理人员。

4）如果只有一台电梯，要加强巡逻次数，如果发现某处渗水会影响电梯的正常使用，也要将此电梯停用，并关闭电源。

6. 火灾情况下的电梯管理

1）按下 1 层电梯层门口的消防按钮，电梯会自动停到 1 层，打开电梯门并停止使用。

2）当发现电梯消防按钮失灵时，用钥匙将 1 层的电梯电源锁从"ON"的位置转到"OFF"位置，电梯也会自动停到 1 层，打开操纵箱盖，按下停止开关。

3）告诫用户在火灾发生时不要使用电梯。

四、电梯机房管理规定

1）电梯机房应保持清洁、干燥，设置有效的通风或降温设备。

2）机房温度应控制在 5~40℃（建议温度最好控制在 30℃左右），且保持空气流通，保持机房内温度均匀。

3）机房门或至机房的通道应单独设置，且保证上锁，并加贴"机房重地，闲人莫入"字样。

4）机房内要设置相应的电气类灭火器材。

5）应急工具应齐全有效且摆放整齐。

6）机房管理作为电梯日常管理的重要组成部分，应由专人负责落实。

7）各类标识应清楚、齐全、真实。

五、专用钥匙管理使用要求

1. 电梯专用钥匙

通常，电梯专用钥匙有四种，即机房钥匙、电梯钥匙、操纵盒钥匙及开启层门的机械钥匙。电梯专用钥匙的管理使用要求如下：

1）各种钥匙应由专人保管和使用，相关手续应齐全。

2）各种钥匙应有标识，标识应耐磨。

3）只有取得电梯上岗资格证书的人员才能使用开启层门的钥匙。

4）电梯司机使用的钥匙应由安全管理人员根据工作需要发放。

5）电梯备用钥匙应统一放置，由专人保管。

6）建立领用电梯钥匙档案。

7）电梯钥匙不许外借或私自配制，如不慎丢失，应及时上报。

8）单位人员变动时，应办理钥匙交接手续，且有文字记录和双方签字。

9）更换维修保养或管理单位时，应办理交接手续并做好交接记录。

2. 三角钥匙的正确使用方法

1）打开层门时，应先确认轿厢位置；防止轿厢不在本层造成的踏空坠落事故。

2）打开层门口的照明，清除各种杂物，并注意周围不得有其他无关人员。

3）把三角钥匙插入开锁孔，确认开锁方向。

4）操作人员应站好，保持重心，然后按开锁方向缓慢开锁。

5）门锁打开后，先把层门推开一条约 100mm 宽的缝隙，取下三角钥匙，观察井道内的情况，特别注意此时层门不能一下开得太大。

 工作步骤

步骤一：实训准备

由指导教师对电梯的日常管理规定作简单介绍。

步骤二：电梯管理学习

1）学生以 3~6 人为一组，在指导教师的带领了解电梯的日常管理要求，并认真阅读电梯日常管理的有关规定等。然后根据所乘用电梯的情况，将学习情况记录于表 8-2 中。

表 8-2　电梯管理学习记录

序号	学 习 内 容	相 关 记 录
1	电梯的日常管理规定和要求	
2	模拟处理电梯异常情况的过程记录	
3	其他记录	

2）可分组在教师指导下模拟电梯故障（如井道进水）停止运行进行处理。

3）操作过程中要注意安全。

步骤三：总结和讨论

学生分组讨论：

1）学习电梯管理的结果与记录。

2）每个人口述所观察的电梯故障停止运行的处理方法。

3）进行小组互评（叙述和记录的情况），并作记录。

 **阅读材料**

阅读材料 8.4　事故案例分析

1. 事故经过

一部住宅客梯因控制系统故障突然停在 6 层与 7 层之间，司机将轿门扒开后，又将 6 层层门联锁装置人为脱开，发现轿厢距 6 层地面约 950mm。乘客急着要离开轿厢，年轻人纷纷跳离轿厢。妇女和老人觉得轿厢地面与 6 层地面离得太高，都不敢跳。这时，有人拿来一个小圆凳放在轿厢外的6层层门处，让乘客踩着凳子离开轿厢到达地面上。一位中年女乘客面朝轿厢，一只脚踏在凳子靠近轿厢一侧，致使凳子向轿厢侧倾倒，女乘客因重心不稳从轿厢地坎下端与6层地坎之间的空隙处跌入井道，造成头部粉碎性骨折，后因伤势太重抢救无效死亡。

2. 事故分析

1）设备存在安全隐患是造成事故的主要原因。该电梯是20世纪70年代生产的交流双速客梯，该梯轿厢地坎下侧未装护脚板。当轿厢停在6层与7层之间时，轿厢地坎下侧距层门地坎有950mm的空隙，可致人坠入井道。

2）电梯司机和乘客缺乏安全意识。如果说乘客从未遇到过这种情况，但电梯司机应当意识到此时离开轿厢是有一定危险的，应当阻止乘客的不安全行为，一方面耐心地安抚乘客，另一方面与有关人员联系等待救援。

3）对设备管理不善，对操作人员管理不严。电梯没有护脚板已很长时间，但未能引起重视进行整改。电梯司机尚未掌握如何在紧急情况下疏散乘客。

3. 预防措施

1）加强管理，及时发现并消除设备隐患，装设合格的护脚板，其宽度应为轿厢宽度，高度应不小于750mm。

2）在该事故中，轿厢地坎与层门地坎之间存在着可以致人坠入井道的间隙（超过600mm），电梯司机应阻止乘客离开轿厢，并进行安抚工作，与维修人员联系等待救援，待维修人员盘车平层后再放人。

3）加强安全教育，学习有关标准。

 评价反馈

（一）自我评价（40分）

由学生根据学习任务完成情况进行自我评价，将评分值记录于表8-3中。

表8-3　自我评价

学习任务	项目内容	配分	评分标准	扣分	得分
学习任务 8.1、8.2	1. 参观时的纪律和学习态度	60分	根据参观时的纪律和学习态度给分		
	2. 观察结果记录	40分	根据表8-1、8-2的观察结果记录是否正确和详细给分		

总评分=（1~2项总分）×40%

签名：＿＿＿＿＿＿　年＿＿月＿＿日

（二）小组评价（30分）

由同一实训小组的同学结合自评的情况进行互评，将评分值记录于表8-4中。

表8-4　小组评价

项目内容	配分	评分
1. 实训记录与自我评价情况	30分	
2. 相互帮助与协作能力	30分	
3. 安全、质量意识与责任心	40分	

总评分=（1~3项总分）×30%

参加评价人员签名：＿＿＿＿＿＿＿＿＿＿＿＿＿　＿＿＿＿＿＿年＿＿月＿＿日

（三）教师评价（30 分）

由指导教师结合自评与互评的结果进行综合评价，并将评价意见与评分值记录于表 8-5 中。

表 8-5　教师评价

教师总体评价意见：	
教师评分（30 分）	
总评分＝自我评分＋小组评分＋教师评分	

教师签名：_____　_____年____月____日

项目小结

本项目主要介绍电梯的安全使用和管理知识。

1. 在使用电梯过程中，人身和设备安全是至关重要的。确保在使用电梯过程中人身和设备的安全是首要职责。

2. 要加强对电梯的管理，建立并坚持贯彻切实可行的规章制度。

3. 电梯操作人员须经安全技术培训并考试合格，取得国家统一格式的特种设备作业人员资格证书方可上岗，无特种设备作业人员资格证书的人员不得操作电梯。

思考与练习题

8-1　填空题

1. 特种设备是指涉及生命安全、危险性较大的锅炉、压力容器（含气瓶，下同）、压力管道和_____。

2. 特种设备生产、使用单位和特种设备检验检测机构应当接受_____部门依法进行的特种设备安全监察。

3. 电梯作业人员必须持有_____部门颁发的特种设备作业人员资格证书上岗。

4. 有司机控制的电梯必须配备_____，无司机控制的电梯必须配_____。

5. 电梯的检修运行状态是只能由经过专业培训并_____的人员才能操作电梯的运行状态，此状态时，切断了控制电路中所有_____环节和自动开关门的_____环节，电梯只能_____上行或下行。

6. 电梯维修操作时，维修人员一般不少于_____人。

7. 机房内的紧急手动操作装置是漆成黄色的_____和漆成红色的_____。

8-2　选择题

1. 锅炉、压力容器、电梯、起重机械、客运索道、大型游乐设施的作业人员及其相关管理人员（以下统称特种设备作业人员），应当按照国家有关规定，经特种设备安全监督管理部门考核合格，取得国家统一格式的（　　），方可从事相应的作业或者管理工作。

  A. 特种设备作业人员资格证书　　　　B. 特种技术等级证

  C. 以上两个证任一个证均可　　　　D. 以上两个证都是

2. 特种设备作业人员在作业中应当（　　）执行特种设备的操作规程和安全规章制度。

  A. 选择　　　　B. 严格　　　　C. 熟练　　　　D. 参照

3. 特种设备生产、使用单位应当建立健全特种设备安全管理制度和（　　）。

  A. 领导责任制度　　　　　　　　B. 岗位协调制度

  C. 岗位安全责任制度　　　　　　D. 领导监督制度

4. 电梯的安装、改造、修理工作，应由电梯制造单位和（　　）单位进行。

  A. 使用单位自行委托的

  B. 依法取得相应许可的

  C. 电梯制造单位委托的依照本法取得相应许可的

  D. 以上都不是

5. 电梯的维护保养应当由电梯制造单位和（　　）单位进行。

  A. 使用单位自行委托的任何

  B. 依法取得相应许可的安装、改造、修理

  C. 必须经电梯制造单位委托的依照本法取得相应许可的

  D. 以上都不是

6. 电梯的安装、改造、修理工作，应由（　　）进行。

  A. 电梯制造单位和由电梯制造单位委托的依照本法取得相应许可的单位

  B. 依法取得相应许可的单位

  C. 电梯使用单位

  D. 电梯使用单位和由电梯使用单位自行委托的单位

7. 在电梯检修操作运行时，必须是经过专业培训的（　　）人员方可进行。

  A. 电梯司机　　　B. 电梯维修　　　C. 电梯管理　　　D. 其他人员

8. 电梯的运行是程序化的，通常电梯都具有（　　）。

  A. 有司机运行一种状态

  B. 有司机运行和无司机运行两种状态

  C. 有司机运行、无司机运行和检修运行三种状态

  D. 有司机运行、无司机运行、检修运行和消防运行四种运行状态

9. 司机在开启电梯层门进入轿厢之前，务必验证轿厢是否（　　）。

  A. 停在该层　　　　　　　　B. 停在任意层

  C. 平层　　　　　　　　　　D. 停在该层及平层误差情况

10. 电梯出现困人（关人）情况时，首先应做的是（　　）。

  A. 与轿厢内人员取得联系　　　　B. 通知维修人员

  C. 通知管理人员　　　　　　　　D. 自行处理

11. 电梯在某一层站，轿厢进人后，操纵盘上的红灯亮，不关门、不走车，此状态被称为（　　）。

A. 满载　　　　B. 超载　　　　C. 故障　　　　D. 检修

12. 排除电梯故障应由（　　）人以上配合工作。

A. 2　　　　　B. 3　　　　　C. 4　　　　　D. 5

13. 欲进入轿顶施工维修，用紧急开锁的三角钥匙打开层门，应先按下轿顶（　　）开关后，才可以步入轿顶。

A. 照明　　　　B. 门机　　　　C. 停止　　　　D. 慢上

14. 欲进入底坑施工维修时，用紧急开锁的三角钥匙打开最低层的层门，应先按下（　　）开关后，才可以进入底坑。

A. 底坑照明　　B. 井道照明　　C. 底坑停止　　D. 底坑插座

15. 有人在轿顶作业，当需要移动轿厢时，必须保证电梯处于（　　）。

A. 绝对静止状态　　　　　　　B. 检修运行状态

C. 主电源上锁挂牌状态　　　　D. 基站位置

16. 在维保作业中，同一井道及同一时间内不允许有立体交叉作业，且不得多于（　　）。

A. 一名操作人员　B. 两名操作人员　C. 三名操作人员　D. 四名操作人员

17. 在电梯轿顶维修时，严禁（　　）操作。

A. 一只脚踏在轿顶上，另一只脚踏在轿顶外井道的固定结构上

B. 双脚踏在固定结构上

C. 双脚踏在轿厢顶上

D. 单手

18. 在轿顶检修电梯过程中，应严格执行（　　）制度。

A. 上下班　　　B. 作息　　　　C. 应答　　　　D. 保安

19. 在电梯维修保养作业中，凡离地面（棚架踏面）（　　）m 高处作业，必须系好安全带。

A. 1　　　　　B. 2　　　　　C. 3　　　　　D. 4

20. 在电梯安装维保中，凡进入井道施工必须戴好（　　）。

A. 安全帽　　　B. 工作帽　　　C. 防尘帽　　　D. 防火帽

21. 在电梯安装维保中，需进行火焰作业的点必需距离氧气瓶、乙炔发生器、油类等（　　）m 以上，并加挡板进行隔离。

A. 5　　　　　B. 10　　　　　C. 15　　　　　D. 20

22. 电梯安装施工工地应配备干粉灭火器、二氧化碳灭火器或（　　）。

A. 水桶　　　　B. 泡沫灭器　　C. 沙箱　　　　D. 机油

23. 下列关于电梯检修过程中的安全规程表述正确的是（　　）。

A. 维修人员两只脚可分别站在轿顶与层门上坎之间进行长时间作业

B. 人在轿顶开动电梯须牢握轿架上梁或防护栏等机件，但不能握住钢丝绳

C. 可站在井道外探身到轿顶上作业

D. 以上都不对

24. 下列关于电梯检修过程中的安全规程表述错误的是（　　）。

A. 检修电气设备时应切断电源或采取适当的安全措施

B. 人在轿顶开动电梯须牢握轿架上梁或防护栏等机件，但不能握住钢丝绳

C. 维修人员两只脚可分别站在轿顶与层门上坎之间进行长时间作业

D. 进入底坑后，将底坑急停开关或限速器张紧装置的断绳开关断开

25. 关于电梯维保作业操作规程说法正确的是（　　　）。

A. 带电测量时，要确认万用表的电压挡挡位选择是否正确

B. 清洁开关的触点时，可直接用手触摸触点

C. 进出底坑时可踩踏缓冲器

D. 以上都不对

26. 关于电梯维保作业操作规程说法错误的是（　　　）。

A. 带电测量时，要确认万用表的电压挡挡位选择是否正确

B. 断电作业时，要用万用表电压挡验电测量确认不带电

C. 移动作业位置时，要大声应答来确定安全情况

D. 清洁开关的触点时，可直接用手触摸触点

27. 以下关于电梯安全操作规范描述错误的是（　　　）。

A. 正确使用安全帽、安全鞋、安全带

B. 可以在层门、轿门部位进行骑跨作业

C. 三角钥匙不得借给无证人员使用

D. 维修保养时，应在首层电梯层门口放置安全护栏及维修保养告示牌

28. 以下关于电梯安全操作规范描述错误的是（　　　）。

A. 正确使用安全帽、安全鞋、安全带

B. 严禁在层门、轿门部位进行骑跨作业

C. 必要时可将三角钥匙借给无证人员使用

D. 维修保养时，应在首层电梯层门口放置安全护栏及维修保养告示牌

29. 以下关于电梯安全操作规范描述错误的是（　　　）。

A. 禁止无关人员进入机房或维修现场

B. 工作时，必须戴安全帽、系安全带、穿工作服和安全鞋

C. 电梯检修保养时，应在基站和操作层放置警戒线和维修告示牌。停电作业时，必须在开关处挂"停电检修禁止合闸"告示牌

D. 有人在坑底、井道中作业维修时，轿厢可以开动，但不得在井道内上、下移动作业

30. 以下关于电梯安全操作规范描述正确的是（　　　）。

A. 电梯检修保养时，应在基站和操作层放置警戒线和维修警示牌。停电作业时，必须在开关处挂"停电检修禁止合闸"告示牌

B. 有人在坑底、井道中作业维修时，轿厢可以开动，但不得在井道内上、下移动作业

C. 维修人员可以一只脚踏在轿顶，一只脚踏在井道固定结构上站立操作

D. 以上都不对

8-3　判断题

1. 只要有把握，可以短接层门门锁等安全装置进行检修运行。（　　　）

2. 在轿顶上检修操作运行时，一般不应少于 2 人。（　　　）

3. 电梯司机或电梯管理人员在每日开始工作前，试运行电梯且无异常现象后，方可将电梯投入使用。（　　　）

4. 只要下班时间到，就可以将登记的信号取消，锁梯下班。（　　　）

5. 电梯出现故障困人时，应强行扒开轿门逃生，避免发生安全事故。（　　　）

6. 电梯的安装、改造、维修竣工后，安装、改造、维修的施工单位应当在验收后 30 日内将有关资料移交给使用单位。（　　　）

7. 停驶的自动扶梯可作为楼梯行走。（　　　）

8. 在自动扶梯上不再提倡"左行右立"。（　　　）

8-4　学习记录与分析

分析表 8-1 和表 8-2 中记录的内容，小结学习电梯安全使用和管理的主要收获与体会。

8-5　试叙述对本项目的认识、收获与体会。

附录　亚龙 YL 系列电梯教学设备

亚龙 YL 系列电梯教学设备目前共有 28 种产品，见附表 1。下面对部分设备进行简介。

附表 1　亚龙 YL 系列电梯教学设备

序号	设备型号	设备名称	主要实训项目
1	YL-777	电梯安装、维修与保养实训考核装置	21
2	YL-770	电梯电气安装与调试实训考核装置	7
3	YL-771	电梯井道设施安装与调试实训考核装置	12
4	YL-772	电梯门机构安装与调试实训考核装置	12
5	YL-772A	电梯门系统安装实训考核装置	11
6	YL-773	电梯限速器安全钳联动机构实训考核装置	12
7	YL-773A	电梯限速器安全钳联动机构实训考核装置	6
8	YL-774	电梯曳引系统安装实训考核装置	18
9	YL-775	万能电梯门系统安装实训考核装置	17
10	YL-2170A	自动扶梯维修与保养实训考核装置	17
11	YL-778	自动扶梯维修与保养实训考核装置	15
12	YL-778A	自动扶梯梯级拆装实训装置	5
13	YL-779	电梯曳引绳头实训考核装置	3
14	YL-779A～M	电梯基础技能实训考核装置	35
15	YL-780	电梯曳引机解剖装置	
16	YL-2190A	电梯井道设施安装实训考核装置	10
17	YL-2086A	电梯曳引机安装与调试实训考核装置	5
18	YL-2189A	电梯限速器安全钳联动机构实训考核装置	6
19	YL-2187A	电梯门系统安装与调试实训考核装置	20
20	YL-2187C	电梯层门安装实训考核装置	10
21	YL-2187D	电梯轿门安装与调试实训考核装置	10
22	YL-2196A	现代智能物联网群控电梯电气控制实训考核装置	16
23	YL-2195D	现代电梯电气控制实训考核装置	12
24	YL-2195E	现代智能物联网电梯电气控制实训考核装置	14
25	YL-2197C	电梯电气控制装调实训考核装置	12
26	YL-SWS27A	电梯 3D 安装仿真软件	10
27	YL-2171A	现代自动扶梯电气实训考核装置	
28	YL-2180B	有机房电梯安装实训装置	

注：以上资料以设备说明书为准。

一、亚龙 YL-777 型电梯安装、维修与保养实训考核装置

YL-777 型电梯安装、维修与保养实训考核装置如附图 1 所示。

本装置由钢结构井道平台、曳引系统、导向系统、轿厢、门系统、重量平衡系统、电力拖动系统、电气控制系统、安全保护系统等系统单元组成。

二、亚龙 YL-2170A 型自动扶梯维修与保养实训考核装置

YL-2170A 型自动扶梯维修与保养实训考核装置是 YL-777 型电梯安装、维修与保养实训考核装置的配套设备之一，如附图 2 所示。

附图 1　亚龙 YL-777 型电梯安装、
维修与保养实训考核装置

附图 2　亚龙 YL-2170A 型自动扶梯
维修与保养实训考核装置

整个装置采用金属骨架、曳引装置、驱动装置、扶手驱动装置、梯路导轨、梯级传动链、梯级、梳齿前沿板、电气控制系统、自动润滑系统等部分组成。

三、亚龙 YL-2187A 型电梯门系统安装与调试实训考核装置

亚龙 YL-2187A 型电梯门系统安装与调试实训考核装置如附图 3 所示。

本装置主要由钢结构框架、门机、轿门、层门等部件组成。

四、亚龙 YL-2195D 型现代电梯电气控制实训考核装置

亚龙 YL-2195D 型现代电梯电气控制实训考核装置如附图 4 所示。

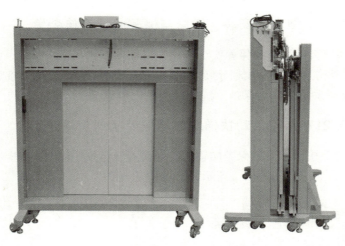

附图 3　亚龙 YL-2187A 型电梯门系统安装与调试实训考核装置

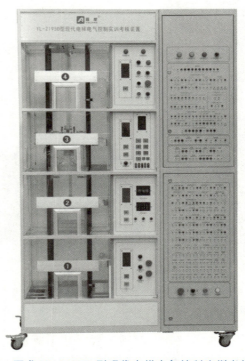

附图 4　亚龙 YL-2195D 型现代电梯电气控制实训考核装置

　　亚龙 YL-2195D 型电梯电气控制装调实训装置由电梯实训考核单元系统柜、电梯模拟运动单元（或电梯虚拟仿真系统）等两大功能系统柜组成。

参 考 文 献

［1］ 李乃夫. 电梯维修保养备赛指导 ［M］. 北京：高等教育出版社，2013.

［2］ 叶安丽. 电梯控制技术 ［M］. 2 版. 北京：机械工业出版社，2007.

［3］ 张伯虎. 从零开始学电梯维修技术 ［M］. 北京：国防工业出版社，2009.

［4］ 陈家盛. 电梯结构原理及安装维修 ［M］. 5 版. 北京：机械工业出版社，2012.

［5］ 全国电梯标准化技术委员会. 电梯制造与安装安全规范：GB 7588—2003 ［S］. 北京：中国标准出版社，2003.

［6］ 全国电梯标准化技术委员会. 电梯、自动扶梯、自动人行道术语：GB/T 7024—2008 ［S］. 北京：中国标准出版社，2009.

［7］ 国家质量监督检验检疫总局特种设备安全监察局. 电梯维护保养规则：TSG T5002—2017 ［S］. 北京：新华出版社，2017.

［8］ 全国电梯标准化技术委员会. 电梯技术条件：GB/T 10058—2009 ［S］. 北京：中国标准出版社，2009.

［9］ 全国电梯标准化技术委员会. 电梯 T 型导轨：GB/T 22562—2008 ［S］. 北京：中国标准出版社，2009.

［10］ 全国电梯标准化技术委员会. 电梯曳引机：GB/T 24478—2009 ［S］. 北京：中国标准出版社，2010.

［11］ 全国钢标准化技术委员会. 电梯用钢丝绳：GB 8903—2005 ［S］. 北京：中国标准出版社，2006.